广东省科技计划项目科技创新普及领域专项（2020A1414050044）成果

人工智能——硅基生命的创造

郭子政 著

科学出版社

北 京

内容简介

人工智能无疑是近几年最火的名词之一。然而，究竟什么是人工智能？为什么说人工智能的终极目标是创造"生命"？目前人工智能的硅基生命之路遇到了哪些坎坷？人工智能的未来如何？不可否认的是，许多人了解人工智能是通过科幻电影。那么科幻电影对人工智能起到了怎样的普及和推动作用？本书将围绕这些问题，从独特的视角，为读者解读人工智能的秘密。

本书通俗易懂，适合广大科技爱好者特别是人工智能爱好者，以及科幻影迷朋友们阅读和参考。

图书在版编目（CIP）数据

人工智能：硅基生命的创造 / 郭子政著 . —北京：科学出版社，2021.11
ISBN 978-7-03-070214-2

Ⅰ.①人… Ⅱ.①郭… Ⅲ.①人工智能 Ⅳ.① TP18

中国版本图书馆 CIP 数据核字 (2021) 第 217018 号

责任编辑：郭勇斌　彭婧煜 / 责任校对：杜子昂
责任印制：赵　博 / 封面设计：众轩企划

科学出版社 出版
北京东黄城根北街16号
邮政编码：100717
http://www.sciencep.com

北京科印技术咨询服务有限公司数码印刷分部印刷
科学出版社发行　各地新华书店经销

*

2021年11月第 一 版　开本：720×1000　1/16
2025年1月第四次印刷　印张：11 1/4
字数：200 000

定价：79.00元
（如有印装质量问题，我社负责调换）

目　　录

第一章　人工智能与生命

我们耳熟能详的生命，究竟怎么定义？

人工智能的目标：创造"生命"。

人工智能的路径：从"将人的思维机器化"开始到"让机器拥有人的心智"。

硅基生命的血液是电流，硅基生命的细胞是晶体管，硅基生命的灵魂是什么？

机器人不是人

我国对机器人的幻想与追求大概已有三千多年的历史，相传西周时期，我国的能工巧匠偃师曾造出木质的歌舞艺人，这是我国最早记载的机器人。到了春秋后期，根据《墨经》的记载，鲁班曾造过一只木鸟，能在空中飞行"三日不下"。这个故事在电影《十全九美》中被演绎成：鲁班精于木工，先后做了神奇的木鸢和木马，但这神奇的木鸢和木马却将鲁班的父母驮着飞上天际，一去不返了。鲁班获得了事业的成功，却因此失去了父母。鲁班因此写就《缺一门》一书，昭示人生的无奈。虽然这些都是传说，但却说明了一点，就是人类很早就产生了对人工智能的探索热情。

提起人工智能(artificial intelligence, AI)，人们可能首先想到的是铁臂阿童木、机器猫这些耳熟能详的电影形象。近几年关于人工智能的电影数不胜数，如《人工智能》《终结者》《我，机器人》等。这些电影大多反映的是人类对机器智能发展的担心。例如，《人工智能》反映了人工智能的出现导致的伦理道德问题，《终结者》和《我，机器人》则提醒人们警惕人工智能的发展可能导致的危险。

生活中的机器人没有电影里的机器人厉害，但也越来越露出锋芒。例如，最广为人知的大概是由 IBM 开发的"深蓝"计算机以及谷歌推出的阿尔法围棋（AlphaGo）。"深蓝"在 1997 年成功地战胜世界棋王卡斯帕罗夫，从而成为首个在标准比赛时限内击败国际象棋世界冠军的电脑系统。2016 年阿尔法围棋推出后，已先后战胜韩国的李世石、中国的柯洁等顶级围棋棋手，保持不败纪录。

目前，人工智能覆盖的领域已经非常广泛。除了送餐机器人这样的实体的机器人，还有那些虚拟的机器人。例如，现在智能手机终端大多具有了语音助手功能，这也是人工智能的典型应用，同时也体现了人工智能的发展速度。

微软推出的微软小娜、小冰，它们可以在与人类的对话中不断学习，从而使自己的语言更像一个人。尽管你见不到它们，却可以感觉到它们的存在。

实际上，机器人有各种各样的，有的形如人，有手有脚，有表情；有的形如机器，四轮驱动，像汽车；有的只能闻其声，不能见其形；有的声形皆无，但你可以感觉到它的存在。

这样的机器人的例子不胜枚举，虽然你可能未曾见过它，但是每天你都在和它打交道。例如，你在网上查阅了某个城市的资料，第二天旅行网站会向你推荐去该城市的便宜机票、酒店等。从你查阅资料的行为，旅行网站竟然能猜测出你有旅行的动机。又如，去购物网站购物，你会发现这些购物网站会推荐一些商品给你，而这些商品往往和你上次浏览或购买的商品是同一类型或相关类型。这说明，这些购物网站似乎知道你想买什么。

你可曾想过这些为什么会发生？原因很简单，其实你从上网开始就已经被"监视"，这个"监视"你购物等行为的"硬"角色其实是一个"软"件，而这个软件的运行是基于一个学习型算法。机器学习目前是人工智能的一个领域，也是比较热门的一个领域。过去我们认为，人之所以为人，在某种程度上是因为人具有强大的学习能力，这也是人与机器的一大差别。然而现在的情形发生了改变，学习和积累不再只是人的专利，机器也会。因此，机器人可能只是一个程序。如电影《她》中的操作系统，当然这个程序需要基于某种平台或硬件，如计算机来运行。

人工智能的思想最早可能始于数学家莱布尼茨，他除了发明了微积分，也提出了一些稀奇古怪的想法。例如，他的可以"将人的思维机器化"的思想。经过后人多年的努力，莱布尼茨的想法现在基本已经在数值计算，以及文字、图像的信息处理等各个方面得以实现。但科学家，特别是计算机专家梦寐以求的理想是：让机器拥有人的心智。

那么，这一梦想能否实现呢？机器和人真的可以一样吗？

1948年，维纳（Wiener）出版了他的成名之作《控制论：或关于在动物和机器中控制和通信的科学》（*Cybernetics or Control and Communication in the Animal and the Machine*）（简称《控制论》）。所谓控制论，简而言之就是用系统的观点来分析系统内部的各个部分之间怎样相互作用，以及这些相互作用所产生的系统整体的特性是怎样的。这是控制论的本质问题。

这本书的书名指出了动物与机器的共性，引起很多人的关注。维纳的意思是：无论是机器还是人，都是符合控制论原理的。例如，动物机体由于神经传导出了毛病，影响整体行为而发生错误；因为脊椎神经受到损害，所以本体感觉就传不上来。这是典型的控制论反馈问题。动物小脑出了毛病就使得综合信息处理器出问题，出现振荡。

维纳主要是从宏观的角度来研究动物机体的控制机制，那么微观水平是不是符合控制论的原理呢？生物学中有一个著名的乳糖操纵子模型，它说明生物在微观的层次、分子的层次，也是按控制论原理来调控的。

维纳所说的机器与人的共性已成为很多科学家的共识。那么，机器与人的差别呢？

这个问题看起来显而易见。

首先，似乎是生命。

以前，人们普遍认为，人有生命，有智能，而机器没有，两者有本质的区别。但是，什么是生命和智能呢？它的主要特征是什么？没人否认，病毒具有生命特征。它能感染、自我繁殖、变异、进化。在计算机病毒出现以前，机器没有显示出类似的特征。但是，计算机病毒的出现是一个突破！计算机病毒大家比较熟悉，它具有与真正病毒类似的一些性质，具有一些"生命"特性，主要表现为感染、自我繁殖、变异、进化等。这说明数字设备，即机器是可以具有"生命"特性的。

其次，人有思维能力，而机器没有？

这个问题现在看来已经非常荒谬了。"深蓝"没有思维，那它怎么能战胜卡斯帕罗夫？AlphaGo没有思维，那它怎么能战胜李世石？

图灵（Turing）是公认的现代计算机的创始人之一、人工智能的鼻祖。1936年以前，图灵认为人的直觉和判断不能形式化、机械化，是不可计算的，即机器不可能具有直觉思维能力。1941年后，图灵的思想有了变化，他认为具有学习或自组织能力的机器能模拟心灵活动的任何结果。他认为可计算的范围远超过了被明确指令包含的范围，足以包括人脑能做的事，不管它多么具有创造性。足够复杂的机器将具有产生未被明确编程的行为能力。他的结论是：构造大脑是可能的。后来，很多人参与是否可以计算的争论，并把这个问题演化成人工智能的公开问题。"意识"与思维的可计算性成了争论的另一个焦点，结果谁也说服不了谁。

最后，就是刚才提到的：人有意识，而机器没有。

生命系统实在是太过神奇了。例如大脑，人类目前为止对大脑的机制所知不多，所以无法制造出一个"机械大脑"或者"电脑"。目前来看，所有机器人，它们也只是在执行人类设定好的程序而已。它们只是人类的工具，它们的能力取决于人类的认知水平，且永远达不到人的水平。其中一个重要的原因就是它们不能像人类一样具有意识。它们什么时候能具有人类的意识呢？这取决于人类关于自身意识的认识。实际上，人类关于自身的意识还知之甚少，既不能给它下一个普遍接受的定义，更无法探究它的起源。如果人类有一天洞悉了意识的秘密，人类就可以用算法将其表达，从而赋予人工智能意识。不过，到这一天，人工智能拥有了自主意识，可能便不会再听命于人类了。

在中国，2016 年被称为"人工智能元年"。在这之前，国内关心人工智能、熟悉人工智能的人不多，对人工智能的研发很少。但是，2016 年 AlphaGo 战胜了围棋世界冠军，让国人很受震动，认识到人工智能的威力之大。这让国人有如梦初醒之感。2017 年被称为"人工智能应用元年"。不管称呼如何，一切迹象表明，经过了几十载沉浮，人工智能可能真的要进入全球爆发的前夜了。让我们拭目以待！

人工智能究竟想干什么？

这几年最耳熟能详的名词非人工智能莫属。截至 2019 年 1 月，短短几年，全国有三十多所高校建立了与人工智能有关的学院，开始了人工智能本科专业的招生。而这一切始于 2016 年。

从 AlphaGo 战胜了李世石开始，人工智能成为网络上、社会上、高校里最火的名词之一。然而，2017 年 8 月 31 日，清华大学教授王志华却在接受镁客网采访时表示，AI 的概念已经泛化和滥用，真正的 AI 根本不是一些企业和媒体宣传的那样。

那么，究竟什么是人工智能？人工智能究竟想干什么？人工智能的现状如何？下面就这三个问题逐个讨论。

第一个问题，关于人工智能，全国科学技术名词审定委员会 2018 年发布的《计算机科学技术名词 》(第三版)中这样陈述："解释和模拟人类智能、智能行为及其规律的学科。主要任务是建立智能信息处理理论，进而设计可展现近似于人类智能行为的计算机系统。它是 1956 年提出的计算科学的一个分支，但也是人文科学的一门研究对象。"

本质上人工智能是对人类思维的模拟。这种模拟只有两条路可以走：一是结构模拟，模拟人体部分结构，就目前而言技术要求达不到；二是功能模拟，通过计算机硬件加以二进制代码模拟人脑功能实现。

第二个问题，人工智能究竟想干什么？答曰：制造生命。制造如我们一样的生命。

目前，人类已制造出"机器人"。从框架上看，"机器人"与人还真差不多。例如，人具备能量系统（消化系统）、动力系统（肌肉）、感官系统（眼耳口鼻、皮肤等）、大脑运算系统（人脑）、信号传输系统（神经）等功能结构，而机器人也拥有了能量系统（电）、动力系统（发动机）、感官系统（传感器）、大脑运算系统（电脑）、信号传递系统（电线）等相应的功能结构。但是综合考虑，目前的"机器人"还算不上"如我们一样的生命"。例如，从性能上考虑，虽然计算机采用电信号来传输信息，电的传播速度相当于光速，远快于人脑，数据存储容量也远大于人脑，但是，人脑的一些优势，如低功耗、容错性和学习能力等则是计算机无法比拟的。

另外，现行的人工智能不具有自主意识，因而缺乏人类意识特有的创造能力，也不具有社会性，只执行命令，而不顾后果，不考虑任务本身的社会意义。

人类为制造生命采取了分步走的策略。

第一步：将人的思维机器化。莱布尼茨最早总结了将人的思维机器化的思想。莱布尼茨发明微积分的本意是让大脑思维的过程也可以计算。中央处理器（central processing unit，CPU）、图形处理单元（graphics processing unit，GPU）等都是人的思维机器化的结果。

第二步：让机器拥有人的心智。让机器拥有人的心智，就是让机器成为机器人。这是几代计算机专家梦寐以求的理想！人工智能最重要的尝试就是制造人脑，这就是我们上面提到的"电脑"。这种尝试早就开始了。实际上，这个所谓的"电脑"就是计算机。当然，如上所述，计算机还不是"电脑"，或者说计算机还远达不到"电脑"的水平。

人工智能走什么样的路呢？答曰：硅基生命

硅基生命这个概念早在 19 世纪就已经被提出。1891 年，波茨坦大学的天体物理学家儒略·申纳尔（Julius Sheiner）在他的一篇文章中就探讨了以硅为基础的生命存在的可能性。在元素周期表中硅的位置位于碳的下方，两种元素的形态和基本性质都有着较高的相似度。因此推测，地球上既然能够发展出碳基生命，也有可能发展出硅基生命。

科幻作家永远是走在科学边界的最前沿的，斯坦利·维斯鲍姆（Stanley Weisbaum）的《火星奥德赛》（*A Martian Odyssey*）描述了一种硅基生命。同我们碳基生命吸入氧气、呼出二氧化碳不同，这种硅基生命排出的竟然是二氧化硅，而且这种生命体内产生二氧化硅的速度超级慢，每十分钟会沉淀下一块砖石：二氧化硅，所以该生命体的寿命比我们碳基生命长得多，有一百万岁。

人工智能的终极发展是要落实到硅基生命的，硅基生命的发展最终将会领先身为碳基生命的人类。随着人工智能的不断发展，人类终将"无力抵抗"集中化的大型人工智能系统，如果将来人工智能可实现对人类生命体系的模仿，那么，硅基生命将会成为类似人类的硅基生物。

第三个问题，人工智能的现状如何？

北京时间2016年3月9日，经过三个多小时鏖战，围棋九段选手李世石，向AlphaGo投子认输。这是人类顶尖围棋选手第一次输给计算机。这一事件标志着人工智能在深度学习领域取得突破性进展。

人工智能的另一个领域是自动驾驶。无人机、无人船、无人驾驶汽车等在技术上已经没有大的问题。

人工智能的影响，每个网民都能深刻体会到。周一早高峰时间挤在地铁里刷财经新闻的一些人，会在周五下班路上收到系统为他们推送的八卦新闻。一次网上购物或浏览后，系统第二天就会给你介绍一大堆类似的产品。大数据背后，我们的生活似无隐私可言。这一点让人细思极恐。

此外，还有机器翻译（machine translation）。人工智能让学子们、科研工作者们告别了字典。下面例子是马丁·路德·金（Martin Luther King，Jr）著名演讲《我有一个梦想》中的几句，后面汉语是机器翻译的结果。看得出来，机器翻译越来越准确了。

I have a dream that my four little children will one day live in a nation where they will not be judged by the color of their skin but by the content of their character. I have a dream today!

机器翻译：我有一个梦想，有一天，我的四个小孩将生活在这样一个国家，在这个国家，他们不会以皮肤的颜色，而是通过品格的内容来评判。 我今天有一个梦想。

虽然人工智能现有的成就让人惊叹，但这并不意味着人工智能是无敌且万能的。目前，计算机在固定模板匹配方面，在数值分析、加减乘除、解方程方面远胜于人；在处理大数据方面，计算机的能力人类也难以企及。但是，人可以分辨低质量的图片，而计算机做不好；人类拥有灵活性、常识和创造力，但计算机是不是有创造力仍然存在争议。其实，计算机的程序是人写的，那么创造力终归是要归结于人的。

这里简单解释一下什么是模板匹配。这是一个数字图像处理领域的名词。

把不同传感器或同一传感器在不同时间、不同成像条件下对同一景物获取的两幅或多幅图像在空间上对准，或根据已知模式到另一幅图中寻找相应模式的处理方法，称为模板匹配。显然，我们在人工智能的许多场景中会用到这一技术。例如，人脸识别、计算机断层扫描（computed tomography，CT）等。

另外，我们不要忘记人工智能的目标乃是创造生命，或者说产生机器智能。目前，由于我们走的是机器模仿人的道路，而人的意识、情感如何产生我们尚不清楚，所以目标仍很遥远。

既然我们已经享受着人工智能的每一天，为什么王志华却说，我们所谓的AI并不是真正的AI。

电气电子工程师学会会士（IEEE Fellow）王志华教授2017年接受镁客网记者专访时作上述表示。当时，他还是清华大学微电子学研究所副所长、联合研究实验室主任、通信技术开发中心主任。

王教授的本意可能是批评媒体对人工智能过度的炒作，实际上AI并不是什么新生事物，只不过被重新包装了而已。

深度学习、机器翻译离不开神经网络算法，所以AI本质上是算法。

自动驾驶、模式识别实际上是自动化过程，所以AI本质上是自动化。

AI在生活中不可或缺，实际上是芯片不可或缺，所以AI本质上是集成电路。

AI通过对大量数据的特征提取找到观察量的平均性质，并将其作为判断和选择的依据，所以AI本质上就是统计学。

所以，所谓的人工智能，不过是在做算法、做应用而已。"不管是哪些领域，只要你做的是可知的应用，那你就老老实实地说你在做应用、在做图像解析，而不要吆喝着所谓的'人工智能'。"（王志华语）

人工智能的目标是要做人造大脑，到现在为止还是一个梦想。

玛丽·雪莱的梦

"复制自己"是人类最古老的梦想之一。

人类文明一诞生，就有了"复制自己"的念头和梦想。"复制自己"，简单地说就是创造像我们人类这样的生命。但是，我们人类力量不足，所以又希望我们的复制品不仅仅是复制而且能够超越。机器人就是按照这样的想法设计出来的，人模人样，但是有机器的力量。

西方关于机器人的想象可能出自古希腊时期的《荷马史诗》。《荷马史诗》中有一篇《伊利亚特》，其中就有关于机器人的描写。这是个铜制的巨人，能行走，当年在特洛伊战争中负责守卫克里特。

中国关于机器人的记载可能更早一些。中国古典著作《列子·汤问》中也记载，西周时期周穆王去西方巡视时遇见一个工匠，善于制造能歌善舞的人偶。那个人偶疾走缓行，俯仰自如，完全像个真人。让人惊叹！

人模人样的要求实际上反映出人类"复制自己"的深层愿望，也反映了人类的自恋和骄傲，当然也说明人类的想象力不足。在神话中，连妖精都要化成人形，也有好多完全人形的神仙。

其实这种"复制自己"的梦想里一点科学因素也没有，与现在一般理解的人工智能也风马牛不相及。

科学的发展，给人类的想象插上了翅膀。玛丽·雪莱（Mary Shelley）在1818年所著的《弗兰肯斯坦》（又称《科学怪人》），是文学史上第一部科幻小说。玛丽·雪莱被称为"科幻小说之母"。

玛丽的父亲跟当时的科学家多有交往，这使得玛丽有机会了解当时最先进的科学知识。19世纪后期，欧洲电学得到长足的发展。这使玛丽有了闪电使死尸重获新生的想法。这个与众不同的少女年纪轻轻就敢于抛开世俗与她心仪的男子私奔，她的梦也注定与众不同。

"重生"的想法对中国人并不陌生。《封神演义》中就有哪吒借莲花重生的神话故事。但玛丽·雪莱要的"重生"是基于人们当时对电的科学认知，这是玛丽·雪莱创作《弗兰肯斯坦》的初衷，也表达了玛丽·雪莱的梦，是科学幻想之梦。

这部小说对后世的影响可谓前无古人。这一点从其屡次三番地被搬上银幕可见一斑。

《科学怪人》（1910年）

《弗兰肯斯坦》（1915年）

《弗兰肯斯坦》（1931年）

《弗兰肯斯坦的新娘》（1935年）

《弗兰肯斯坦之子》（1939年）

《弗兰肯斯坦的幽魂》（1942年）

《弗兰肯斯坦大战狼人》（1943年）

《弗兰肯斯坦之家》（1945年）

《弗兰肯斯坦的咒语》（1957年）

《邪恶的弗兰肯斯坦》（1964年）

《弗兰肯斯坦创造了妇女》（1966年）

《弗兰肯斯坦的恐怖》（1970 年）

《来自地狱的弗兰肯斯坦与怪物》（1973 年）

《年轻的弗兰肯斯坦》（1974 年）

《新弗兰肯斯坦》（1992 年）

《玛丽·雪莱的弗兰肯斯坦》（1994 年）

《弗兰肯斯坦之永生》（2004 年）

《弗兰肯斯坦的灵与肉》（2011 年）

《弗兰肯斯坦的军队》（2012 年）

《我，弗兰肯斯坦》（2014 年）

《维克多·弗兰肯斯坦》（2015 年）等

2015 年的《维克多·弗兰肯斯坦》，是由二十世纪福克斯电影公司制作发行的 110 分钟科幻影片。该片讲述了年轻的科学家弗兰肯斯坦利用当时的生物学知识，从停尸房等处取得不同尸体的器官和组织，拼合成一个人体，并利用雷电使这个人体拥有了生命，然而，却无意间创造出了一个怪物的故事。

为什么人们对玛丽·雪莱的《弗兰肯斯坦》念念不忘，一而再再而三地搬上银幕？原因可能很复杂，但其中之一就是人们始终心怀"创造生命"之梦想。只不过，后来人们走了另一条路：人工智能。因此，如果问人工智能的目标是什么，回答是"创造生命"。

人类的人工智能梦想究竟该如何实现呢？普遍的想法是"硅基生命"。例如，人类的"电脑"梦想就是利用硅器，或者说以硅材料制成的芯片为基础制造计算机。如果这个计算机再高级一些，发展成为智能"电脑"或机器人，那就是"硅基生命"了。当然，现在看来这条路仍然漫长且无止境。

从弗兰肯斯坦到Robot再到微软小冰

在人类历史上，为制造生命，科学家、作家、艺术家无不绞尽脑汁。总结起来，人类经历了从最初的碳基生命即复制自己之路，到硅基生命之路的各种尝试。

1818 年玛丽·雪莱创作出文学史上第一部真正意义上的科幻小说《弗兰肯斯坦》（又称《科学怪人》）。这是一个通过闪电让死尸复活的故事。让死尸复活，这显然不失为一条创造生命的捷径。不只是小说家，许多科学家也为这个想法发狂并做出了艰苦努力。可惜，这只在玛丽·雪莱的《弗兰肯斯坦》中成功。

于是，科学家们开始换位思考。如果我们知道生命是如何起源的，那么沿着这条道路复制生命不就顺理成章了吗？

我是谁？我从哪来？到哪里去？人一出生，就面临这样的生命起源困惑。关于生命起源有各种猜想：生命起源之神创论、生命起源之自然发生说、生命起源之宇宙生命说、生命起源之灾变论、生命起源之均变论、生命起源之化学起源说等。

在生命起源问题上，化学起源说目前为多数人所接受。该学说的思想类似于达尔文的进化论：生命是从简单到复杂进化而来。该学说认为，在原始地球的条件下，无机物可以转变为有机物，有机物可以发展为生物大分子和多分子体系，直到最后出现最原始的生命体：一个最简单、最原始的细胞，即原细胞（protocell）。这个学说起初也被称为"原始汤"（primodial soup）生命起源假说，由亚历山大·奥巴林（Alexandr Oparin，1894—1980）与约翰·霍尔丹（John Haldane，1892—1964）提出。

根据化学起源说，我们可模仿生命诞生时的环境，重走一遍生命起源之路。

米勒模拟实验（Miller's simulated experiment）是一个简单而影响深远的实验。该实验通过模仿生命诞生时的环境证明确实可以产生氨基酸等构成碳基生命的物质。

1952年美国芝加哥大学的研究生米勒（Miller），在其导师尤里（Urey）指导下，进行了模拟原始大气条件（如雷鸣闪电）的实验，并由一些无机混合物得到了20种有机化合物。这些有机化合物中就包含生物蛋白质所特有的组成物质甘氨酸、丙氨酸、天门冬氨酸和谷氨酸等氨基酸。该实验结果对科学家们来说是莫大的鼓舞，因为当时人们认为蛋白质是生命的本质。米勒的实验在当时很有创新性，不仅启发人们沿着化学进化这一方向进行更深入的研究，也启发人们去探索生物分子的非生物合成。

人类的硅基生命之路貌似简单，就是给机器装上一颗"人心"，从而使"机器人"变成"人"。

1920年，作家卡雷尔·恰佩克（Karel Čapek）制作了剧本R.U.R.（Rossum's Universal Robots，罗素姆的万能机器人），首次提出"Robot"（机器人）的概念。

一些文献认为术语"robot"源自捷克语"robota"，意思是"工作"，而另一些文献则指出"robota"实际上意味着"强迫工人"或"奴隶"。似乎后一种观点更符合恰佩克的本意，因为他剧本中的机器人最终背叛了人类并试图消灭人类。

还有文献说，"robota"在当时的捷克斯洛伐克是指一个人并非完全自愿的或者无趣的工作等。这里我们将其忽略，因为对这个概念的深究并无特别意义。

实际上，长期以来，机器人专指一种机器，它们专门用来替代人从事危险的或者简单重复、无聊的工作。说它们是人一点也不准确，因为它们只知道机械执行人类的指令并完成简单重复的动作。同人相比，它们缺心或"缺心眼"。为了让它们能从事更复杂的工作，需要给它们安装一颗心。这颗心也称芯片，实际上就是集成电路。由于集成电路是基于硅材料，是硅集成电路工艺制造的，这颗心也变成硅基的了。创作生命的进程开始走向硅基生命之路。

机器可以是有形的或无形的，可以是看得见的或看不见的。有了心的机器，不管有形还是无形都成了机器人。

我们一般都是从手机认识的微软小冰，这个机器人只闻其声，不见其人。2018 年 7 月 26 日，微软发布第六代微软小冰，它在交互方式上进一步升级，并融合了多感官交互。与此同时，小冰也由最初的聊天机器人走入更多的应用场景，从大家熟悉的主持节目、唱歌、讲故事、写诗，到报道新闻、评论时事、生成金融文本摘要、管理家居等，都有小冰的身影。从当初的用于劳动的机器人到现在的微软小冰，我们见证了人工智能的进步。

生命起源之谜

我是谁？我从哪来？到哪里去？这是科学的基本问题，也是艺术和宗教的基本问题。科学、艺术和宗教是金字塔的三个面。

高更的名画《我们从哪里来？我们是谁？我们往哪里去？》

高更

法国画家高更与塞尚、凡·高同为美术史上著名的后期印象派代表画家。《我们从哪里来？我们是谁？我们往哪里去？》用艺术家的语言诠释了人类关心的基本问题。但是，艺术家的语言过于晦涩难懂。在这方面，科幻电影的回答就清晰多了，当然科幻电影的回答是以科幻的方式。例如，电影《普罗米修斯》（*Prometheus*，2012 年，美国，雷德利·斯科特导演）指出，人是某种高等动物造出的低等生物。这部电影反映了一些科学家的观点，即人类，或者说生命的起源是来自外太空，地外高级文明。

普罗米修斯是希腊神话中最具智慧的神明之一。他不仅创造了人类，给人类带来了火，还教会了人类许多知识和技能。这部电影以普罗米修斯为名，恰恰是要告诉观众，人类的缔造者就是外星文明中的"工程师"。电影中，"工程师"喝下"黑油"，肉体瓦解，落入地球的水中，他的基因生成了万物。

普罗米修斯虽然是神，但却是献身人类的典型。他为了送火种给人类，不惜承受众神之父宙斯的残忍惩罚。然而，电影中的"工程师"却对人类非常冷淡，甚至残酷地想要毁灭人类。这又是什么缘由呢？根据一些电影评论家的解释，这些"工程师"创造了人类，却又憎恨人类的自私、贪婪，害怕人类文明的飞速发展，所以才要毁掉自己的作品。

电影《2001：太空漫游》改编自阿瑟·克拉克的经典同名科幻小说，被誉为"现代科幻电影技术的里程碑"，堪称太空科幻题材电影的鼻祖。影片刚开头描述的是神秘的黑石降临地球，引导古猿产生灵智。这部影片虽然没有说人类是地外高级文明的产物，但是却指出古猿之所以能进化为智慧的人类，靠的就是地外高级文明的引导。有评论指出，这部影片在探讨人类文明起源的问题上虽然晦涩难懂，但却是独具慧眼。

《火星任务》（*Mission to Mars*，其他译名《目的地火星》《火星计划》《火星使节》，2000 年，美国）讲述了人类起源的另一个版本。

整个太阳系的行星在各自的轨道上运行着，而火星就像地球一样美丽，缭绕的白云、蔚蓝的大海、广袤的陆地，突然一颗陨石砸中了火星，毁灭性的冲击波迅速蔓延，扬起了巨大的灰尘，火星变成了一颗红色的星球。无数的小光点从火星中飞了出来，那是幸存的火星人。他们驾驶着飞船逃离火星，飞向另一个星系寻找新的家园，但他们留下了一艘载有自己 DNA 的飞船，并将飞船驶向地球坠入大海，于是地球上开始出现生命，生物的繁衍进化就此展开。原来人类的起源竟来自火星。

可惜的是，科学对我们从哪里来这个问题尚无解。

根据达尔文的进化论，人是由猿变来的。那么究竟是渐变还是突变呢？一般而言，突变往往是恶性的，如基因突变往往引起遗传性疾病等，所以可能不是突变。但如果是渐变，我们应该能找到猿和人之间的生物化石，但是这种化石迄今没有被发现。

所以，达尔文的进化论，并没有得到完全的科学证明，仍停留在"科学假说"阶段。所谓假说，就是没有足够的证据证明，而主要凭借抽象的逻辑推理构建成的学说。在科学史上，进化论从来没有得到过一致的认可。人类究竟从何而来，始终是一个用科学无法验证的问题。人类无法见证几十万年前的事物，人类的起源只能通过历史所遗留的痕迹来猜想、推测。

我们到哪里去？这个问题的回答也是分几个层次。最简单的答案是死亡。科学的说法是我们都将腐烂。

人怎么没的？腐烂掉了。什么是腐烂？在生物学上称为分解，具体说，是微生物的分解。这个过程需要借助氧气和氧化剂进行。在真空的环境下，有机物是不会腐烂的。所以很多食物为了延长保质期采用真空包装。如果没有氧气和氧化剂的存在，有机物中的蛋白质等会失去活性。没有氧化剂就算是高温也没有关系，但高温能使有机物中的一些成分自动分解。

化学上也强调氧气和氧化剂的作用。分解在化学上的说法是反应。其实很多分解反应就是氧化反应，所以化学上说的氧化反应造成了食物的腐烂和生物学上说的微生物的分解不矛盾，而是同种意思的不同表达，当然腐烂也不全是微生物的作用，尸体本身的一些元素也是要发生反应的。

经过微生物的分解，人由有机物变成无机物。所以，人没了，哪里去了？归于尘土。

但是，人的肉体腐烂了，人的精神或者灵魂去了哪里？这就涉及"我们到哪里去"这个问题另一层次的回答。这个回答还很含糊。例如，天堂地狱之说。

更进一步的解答需要明确灵魂的有无、意识的产生和消亡等，都是人类现在还无法明确给出的。

生命现象建立在统计之上吗？

"富有诗意的哲学家说，生命不过是一种想象，这种想象可以突破人世间的任何阻隔。"（摘自黄仁宇《万历十五年》）

关于生命的定义，不下百种。生命的含义，不是几句话能够说清楚的，所以不断有鸿篇巨制问世。例如，薛定谔《生命是什么》一书，发表在20世纪40年代；王立铭所著的《生命是什么》出版于2018年。

尽管他们是各个领域的专家，但要想说清生命是什么还真不是那么容易的。薛定谔的《生命是什么》中，只是认为物理学和化学原则有助于解释生命现象，而基因的持久和遗传模式的稳定可以用量子理论来说明。该书也促使英国物理学家克里克从粒子物理的研究转行到生物学，并与美国生物学家沃森一起在1953年提出了DNA双螺旋分子结构模型，解开了遗传信息的复制和编码机理。

麻省理工学院的物理学终身教授迈克斯·泰格马克写了一本畅销书《生命3.0》，这本书的中译本2018年出版。在书中，作者对生命是什么这个问题提出了自己的见解。作者认为，生命的最本质特征是能够收集和处理信息。这一点与计算机类似。生命有硬件也有软件，硬件是生命有形的部分，用来收集信息；软件是生命无形的部分，用来处理信息。生命可分为生命1.0、生命2.0和生命3.0等不同版本。版本越高，意味着复杂程度越高。

1.0版本的生命的软件和硬件，都由遗传物质决定。只有通过很多代的缓慢演化才能带来改变。1.0版本的生命大约在40亿年前出现。目前，地球上现存的绝大多数动植物，都是生命1.0版本。

2.0版本的生命要比1.0版本的生命高级得多。虽然2.0版本的生命还是不能重新设计自己的硬件，但是，它能够重新设计自己的软件，并可通过学习获得很多复杂的新技能。人类就是生命2.0的代表。此种生命大约在10万年前出现。但是，2.0版本的生命的硬件，对人类而言也就是人类身体本身，只能由遗传物质决定，依然要靠一代代演化，才能发生缓慢的改变。

3.0版本的生命既能不断升级自己的软件，也能不断升级自己的硬件，而不再需要经过许多代的缓慢演化。美剧《西部世界》第二季当中，觉醒了的机器人接待员就是生命 3.0 版本的代表，他们不仅能在智能上快速迭代，在身体上也能随时重新设计更换。

关于生命，人们经常将其与生命现象、生命活动相混淆。在人们眼里，生命事关生、死以及智慧。

而在科幻电影中，关于生命的想象更多。生命可能有更多的形式，其中碳基生命是指以碳元素为基础的生命，而地球上所有的生物包括人类都是碳基生命。而硅基生命是指具有类人类纯自由意志的基于硅芯片的智能机器人。

生命，想象易，解释难。哲人科学家薛定谔说，生命是一个负熵的过程。熵是一个统计物理的概念。这是否说明生命现象建立在统计之上？

让我们先回顾一下分子动理论中深刻的物理思想。

我们是如何了解我们周围的世界的？我们是用眼睛去看、用手去测量（当然也用到别的感觉器官）这个世界的。物理科学是实验科学，就是说一种理论所讲的必须是可测的、可见的，才能是可知的、科学的，否则只能算是猜想。

宏观世界是可测量、可见的，因而是可知的。例如，我们看得见汽车的运动、感觉得到扑面而来的春风和喜雨。因此，我们知道这个世界的存在。到了分子、原子尺度，就不可测、不可见，因而不可知了。显然，分子的运动速率、动能等物理量也是不可测、不可见的。因此，必须找到一种方法建立不可测、不可见量与可测、可见量之间的关系，从而使分子、原子尺度的世界可知。这个方法就是统计物理。

众所周知，统计的前提是大数定律。几个分子谈不上统计。所以一个分子的情况不可知，大量分子的平均效果是可知的。

大学物理中，理想气体压强正比于分子平均平动动能的公式是最重要的公式之一，它使分子的运动速率、动能这些不可测、不可见量的量能用压强、温度这些热力学量测量出来。注意，经典统计物理中，分子本身仍遵守牛顿定律。

微观粒子的世界同样是不可测、不可见、不可知的。因此，我们采取的是同样的办法，通过建立不可测、不可见量与可测、可见量之间的关系了解微观世界。我们通过加电压等办法让带电的微观粒子运动起来，从而形成电流，并测量电流以了解带电的微观粒子的性质，通过让电子在能级间跃迁，从而发光，然后测量光谱了解其能带性质。电流可测、发光可见，从而微观世界可知。进一步，"可见"这件事也不一定是肉眼可见，所以除了光波，电子波这样的物质波等也可利用。注意电子这样的微观粒子满足薛定谔方程，而薛定谔方程本质上与统计有关。也就是说，我们仍然利用统计方法建立不可测、不可见量与可测、可见量之间的关系。

考虑生命体不过是一群原子的堆砌，那么，生命现象的表征也应与原子的统计相关。就像薛定谔《生命是什么》中阐述的，所谓的生命的物理法则，就是关于大多数原子的运动趋势的统计学描述，也就是说得到的是对全部结果做平均处理的近似结果。

但是，生命却是通过无序的小分子和原子构造出的大分子的有序世界。它是怎么做到的？如果生命现象真是建立在统计之上，其统计过程又是如何呢？

为什么是硅基生命而不是锗基生命？

一般公认的观点是，人类社会的文明史、进步史可以按照人类使用工具的历史划分为石器时代、铜器时代、铁器时代和硅器时代。硅器时代即半导体时代。人类现在处于硅器时代。可以预期的是，今后很长一段时间内，这种状态不会改变。

硅只是一种半导体材料而已。"硅器"就是用硅制成的器件。其实，众多半导体材料中，最早人们看中的是锗，早期半导体器件用锗材料制造。例如，肖克莱他们最早发明的晶体管就是用锗做的。

硅后来居上。因此，现在很多人只知有硅，不知有锗。"硅谷"更是名满天下，到处效仿。然而，你是否想过，为什么是"硅"而不是"锗"？为什么是"硅谷"而不是"锗谷"？硅是间接带隙半导体，光电性能很差，电子迁移率超低，但仍然成为电子学的主流材料。为什么？

硅之所以取得如此成功，是因为它的优点突出，而缺点都是可克服的。优点中有两点是主要的：第一，便宜；第二，有优良的氧化硅作绝缘、钝化。先看第一点。硅来源丰富，价格低廉，直接拿沙子就能制，虽然工艺复杂但原料成本接近零。硅是产量最大、应用最广的半导体材料，它的产量和用量标志着一个国家的电子工业水平。锗在地壳中分布非常分散，成品锗（还不是半导体级别）的价格就已经接近天价，超过了白银。第二点，硅的氧化物二氧化硅帮了大忙。硅上易于生长二氧化硅薄膜。这层二氧化硅薄膜很重要，因为二氧化硅是绝缘材料，不仅可用作器件的电学绝缘层、表面保护层，还可在晶体管的制作过程中用来阻挡杂质向硅内扩散。再加上二氧化硅薄膜易于刻蚀图形，这样就可在硅上实现选择区域的扩散掺杂。二氧化硅可在硅表面上均匀生成，并且与硅有相近的膨胀系数，使得在进行高温处理时不会翘起变形。相比之下，锗的氧化物不稳定，不易操控。二氧化硅是致密的绝缘体，其力学、电学和化学性质都很稳定，不溶于水。氧化锗没那么致密，还溶于水。这基本就宣告了锗工艺的超大规模集成电路无望。

硅的上述性质为硅平面工艺的发展创造了条件。可以说，在硅平面工艺中，二氧化硅帮了硅的大忙，确立了硅在集成电路材料中的绝对优势地位。硅还有一个很好的性质，就是重掺杂硅，无论是 N$^+$ 还是 P$^+$，都能与铝形成欧姆接触。这个性质无比重要。因为欧姆接触相当于"焊锡"，是晶体管与外界电学连接、集成电路内部电学互连的必由之路。这么轻易便可实现欧姆接触，又为硅成为制作集成电路材料增加一分。

硅与众不同的特殊性质让它在众多半导体材料中"鹤立鸡群"，如有神助。

20 世纪 50 年代，人们曾为锗、硅哪种材料会占主流的问题争论不休。但1956 年和 1957 年贝尔实验室的两个技术进步，即扩散结和氧化掩模的问世，迅速终止了人们的争论。硅工艺很快成熟并独霸市场。最重要的集成电路生产都采取了硅工艺。于是，便有了硅谷。硅真正奠定其霸主地位依靠的是其在集成电路发展中的表现。1960 年前后，硅外延生长单晶技术和硅平面工艺的出现吹响了集成电路发展的前奏。

锗虽然也有优点（如开启电压低、载流子迁移率高），但它的几个缺点是很难克服的。上面谈到锗氧化物的问题，除此之外，还有锗器件在稍高的温度下表现不良的问题，以及锗本身比硅重，又比硅软，更容易碎，等等。而且现在整个半导体行业都以硅为基础，没人会开发锗的超大规模集成电路工艺。

当然，锗这种半导体材料也不是一无是处。目前，锗的应用前途最有可能集中在光电器件领域，如太阳能电池、光传感器、红外 LED、锗激光器等。硅基的激光器件已经公认是不可能实现了，但是锗却是可能的。因为锗能比较容易地在硅上生长出来，所以人们想能不能将用锗做成的光学器件与硅做成的电子器件整合在一张硅片上。如果这个想法得以实现，几代人半导体光电一体化的夙愿就可以得偿了。

近年来锗基半导体领域内研究进展很大，以前书本上讲的一些关于生长锗的局限，现在很多都已经被攻克了。例如，以前在硅上没办法直接生长锗，即使生长也得借助高温，或者需要几个 GeSi 的缓冲层。但现在在 300 多℃的温度下直接在硅片上生长锗，获得的薄膜质量也很不错。

综上所述，在集成电路的发展过程中，半导体硅材料取得了绝对优势，因而才有了今天的硅谷而不是锗谷。进而，才有了基于芯片之心的硅基生命而不是锗基生命。

硅基生命可能超过碳基生命吗?

人类文明进化缓慢的原因之一是人们寿命太短且记忆不能遗传，或者说智慧不能遗传。老子英雄儿好汉，只是一种愿望，即使是愿望也降了等次，儿子从英雄降为好汉。富不过三代，不能越来越富的原因之一也是不能全面继承祖辈和父辈的聪明才智。

人类社会的文明史、进步史按照人类使用工具的历史划分为石器时代、铜器时代、铁器时代和硅器时代。但是，下一个时代是什么尚不清晰，有争论，有人认为是碳器时代。

硅材料是计算机等电子智能元件的基础。在材料这个层面，与碳相比，硅占了上风，有硅谷没有碳谷。但在生命这个层面，硅却输给了碳。宇宙中目前唯一发现的智能生命是碳基生命，而人工智能的创造还遥遥无期。

众所周知，地球上的生命最重要的组成元素是碳。所以，地球上的生命是碳基生命。化学元素周期表上硅和碳同族，性质相似。另外，在地球地壳上，硅元素丰度是碳的 1000 倍！地球为什么选择了碳基生命，而不是硅基生命呢？

这个问题的提出要追溯到很久很久以前。历史上提及硅基生命的第一个人大概是波茨坦大学的天体物理学家儒略·申纳尔。1891 年，他在一篇文章中最早探讨了以硅为基础的生命存在的可能性。虽然问题是个老问题，但答案依旧莫衷一是。有一点是大家公认的。就是，地球上的生命的存在形式离不开氧气，即生命需要氧气进行循环代谢。碳元素在地球生物呼吸作用的时候会被氧化成二氧化碳，它可轻松地被生命体排出。对于硅元素来说，当硅形成氧化物时却是固体物质，这对于生命体的排出造成了一种困难。

但是，也许生命的存在形式还有另外的方式，如不需要氧气。硅基生命如果存在，它的生命存在方式兴许与碳基生命有着极大的差异。另外，人类文明的生命形式本身具有很多缺点，如寿命太短、记忆不能遗传等。这些缺点影响了人类文明的进程。相比之下，如果硅基生命创造成功，大可克服这两个缺点。在科幻作品中，对硅基文明的到来寄予了无限的憧憬。

科幻作品中硅基生命相比碳基生命有何优势呢？首先，寿命长，如《火星奥德赛》中的硅基生命寿命长达 100 万岁，这是我们碳基生命望尘莫及的。人类花了几十万年才从石器时代进入青铜器时代。但是，硅器件从 20 世纪 50 年代到如今，从晶体管发展到人工智能芯片，短短 70 年进步神速。一个人的 70

年能干什么？相形见绌！人生短暂，很多理想还没有完成时，我们已经老去。因此，许多英雄人物死的时候都由衷感慨"我真的还想再活五百年"。

其次，记忆能够遗传。记忆遗传应该是生物进化的要求之一。刘慈欣认为，生命体记忆遗传是文明迅速发展的必需条件。在他的科幻小说《乡村教师》中，比人类文明更先进的宇宙高级文明，不但拥有记忆遗传的功能，而且是拥有高等级记忆遗传的功能并能够凭此在相互之间超高速交流。

硅器件的"儿子"总能胜过"父亲"，还是靠记忆遗传，只不过这种记忆遗传是人帮助他们完成实现的。总是从头再来，如何实现超越？

知识贫穷限制了人类对生命形态的想象

地球上的一切生物都是碳基生命，包括人类，都是以碳元素为基础的生命，更准确点说，地球上的一切生物的骨架是以碳元素为基础的。除此之外，地球上生命的重要特征是具有呼吸行为，并且以地球上的氧气和水赖为生存条件。

宇宙之大，可能不止存在碳基生命这一种生命形式。正如美国科学家卡尔·萨根（Carl Sagan）所指出的："碳基生命唯一论、中心论，很可能大大限制了人类对外星生命的探索和想象。"

那么，迄今为止，对生命形式的想象都有哪些呢？

生命骨架替代型：用可能的元素替代碳，从而构成可能的生命形态，如硅基生命、氮基生命、硼基生命、硫基生命等。注意，以机器人为代表的硅基生命实际上是指基于硅芯片的人工智能，与碳基生命这样的概念不同。

在科幻作品中，硅基生命的提法是最多的。到目前为止，硅基生命也是除碳基生命外最为"血肉丰满"的。对于生命，我们一般的认识是要有血有肉有灵魂。这些硅基生命都已经具备。

硅基生命的血液是电流。

许多自然现象的本源都是电子。套用一句网络用语"都是电子惹的祸"。

进一步的研究表明，电子是许多自然现象的本源。例如，电现象，电荷间有力的作用，电荷同性相斥、异性相吸。这个电荷就来自电子。摩擦中，物体因得失电子而带电荷，得到电子带负电，失去电子带正电。由于失去或得到电子数目一定是整数，所以电荷电量一定是电子电荷的整数倍，称为电荷的量子化。

又如，电子能级间的跃迁导致发光。

还有，电子是摩擦的起源。自然界中有四种基本相互作用力，即万有引力、电磁力、强相互作用力、弱相互作用力。摩擦力属于电磁力，因而与电子有关。

实现人工智能，电子技术、微电子技术、纳电子技术必不可少。电子技术是控制电子的技术。电流就如同人类生命中的血液。

但是，与人体中血液必须保证流量不同，电子器件中常常通过控制电流达到操纵器件性能的目的。

电流控制型器件如普通的 NPN 型三极管、PNP 型三极管、可控硅（silicon controlled rectifier，SCR）等。这器件内阻较小，加电压时电流相对较大（一般小功率的都有 100 微安以上，大功率的可达 20 毫安以上），加入一个基极驱动电流，就可实现放大作用。

电压控制型器件如场效应管、结型场效应管、金属－氧化物－半导体场效应管、绝缘栅双极型晶体管等。这类器件加电压控制时电流很小，近似为零，要通过控制栅极与源极间的电压来操纵器件性能。

一般而言，元件输入电阻很大或近于绝缘的为电压控制型，其他的为电流控制型。

硅基生命的细胞是晶体管。

不管是 CPU 还是 GPU，只要是集成电路都是一个个半导体元件搭建而成。其中，最重要的积木（building block）就是号称"三条腿的魔术师"的晶体管。

1947 年 12 月，美国贝尔实验室的肖克莱（Shockley）、巴丁（Bardeen）和布喇顿（Brattain）终于研制成功一种点接触型的锗晶体管。这里的晶体管指的是晶体三极管（后来晶体管成了二极管、三极管、场效应管的统称）。什么是晶体三极管呢？晶体三极管有两个重要应用：电流放大器和可变电流开关。电流放大功能是晶体管的标志性特征。因此，不严格地讲，晶体三极管是一个电流放大器，正如激光是一个光放大器一样。在当时，电流放大器和可变电流开关都已经实现，不过使用的是号称"三条腿的魔术师"的真空三极管（电子管），它的缺点是笨重且功耗巨大。除此之外，真空三极管的使用效率非常低，加上灯丝过热，使用时间短，特别是处理高频信号的效果不理想，科学家们一直在寻找一种新材料器件替代真空三极管。肖克莱、巴丁和布喇顿经反复试验才用半导体锗实现了这个功能。所以这个功能被称为晶体管效应。肖克莱、巴丁和布喇顿的发明为"三条腿的魔术师"轻装减负，使其真正派上用武之地。可以说，晶体管才是名副其实的"三条腿的魔术师"。

当时布喇顿给它取名为 transistor。这个名字突显的是晶体管的开关性质。transistor=transfer+resistor，意为"跨阻"，指的是输出端电压变化与输入端电流变化的比值（单位是欧姆），反映了输入对输出的影响能力。还可理解为"转换电阻器"。电阻可大可小：电阻大为绝缘体；电阻小为导体。能实现高阻（电流不通，关）和低阻（电流导通，开）的器件不就是开关吗？所以晶体管是由可以充当绝缘体和导体的半导体制成的电子器件，具有在绝缘体和导体两种状态相互转换的能力，从而使设备具有开关或放大功能。

最著名的半导体材料是锗和硅。硅和锗为什么适合做晶体管？这个问题的答案可从化学元素周期表里得到。

IIIA	IVA	IVA	VIA	VIIA
5	6	7	8	9
B	C	N	O	F
硼	碳	氮	氧	氟
13	14	15	16	17
Al	Si	P	S	Cl
铝	硅	磷	硫	氯
31	32	33	34	35
Ga	Ge	As	Se	Br
镓	锗	砷	硒	溴
49	50	51	52	53
In	Sn	Sb	Te	I
铟	锡	锑	碲	碘
81	82	83	84	85
Tl	Pb	Bi	Po	At
铊	铅	铋	钋#	砹#

化学元素周期表局部

从上表可见，锗、硅等半导体材料正好处在金属和非金属的界面处（汉语中金字旁表示金属，石字旁表示非金属），便于在金属和非金属之间来回转换。

硅基生命的灵魂是软件。

实际上，机器人都是按照人的指令亦步亦趋地工作着的，从这一点讲，硅基生命还没有自己的灵魂，他们甚至都不知道自己在做什么。这就是人工智能与人类智能的差别。

好，继续我们对生命形式的想象。除了生命骨架替代型，还有没有其他的考虑呢？当然有。例如：

生命条件替代型：碳基生命实际上是以水为溶剂的"水基生命"（water-based life）。水和氨性质相近，如以水为基础可形成甲醇（CH_3OH），而以氨为基础可形成甲胺（CH_3NH_2），甲醇和甲胺这两种化合物正是类似物。因此，有人提出氨基生命（ammonia-based life）的设想，即某些生命形态下可由液态氨来代替水作为溶剂。

完全超越型：知识的贫穷限制了人类的想象。迄今为止，我们讨论的生命都只局限于具有碳基生命特征的对应物，具有呼吸行为等。其实生命是什么我们都说不清楚，完全超越碳基生命形态的生命即使有我们也不知道怎么描绘。你只要尽情想象就可以了。

真有所谓的"硅基文明"吗？

首先我们看什么是文明。文明是人创造的文明。比如，人类文明就是人类所建立的物质文明和精神文明的统称。按照这个思路，华夏文明指华夏民族所创造的文明，两河文明即美索不达米亚文明（Mesopotamia Civilization）指的是两河流域的民族（或人）创造的文明，等等。

文明就是民族的传承，是曾经一度辉煌的思想、文化、风俗、科技等的传承。这里"辉煌"很重要，要达到文明的程度，思想、物质、文化的繁荣，或取得一定的成就是不可或缺的。

文明的分类可有多种方法。例如，按照地理位置分，有大河文明、海洋文明、草原文明等；按照区域分，有东方文明、西方文明等；按照承载文明的群体种类分，有人类文明、地球文明等。

媒体特别是互联网，为了吸引眼球，经常发明一些耸人听闻的词语。例如，2018 年上半年，互联网热炒一个概念"硅基文明"。很多人都在讨论，人类是否将从"碳基文明"过渡到"硅基文明"？

那么，什么是"硅基文明"？什么又是"碳基文明"？其实，这里的碳基、硅基不是文明等级，而是文明种类，是承载文明的群体种类。目前，地球上人类是占主导地位的生物种类。而人是碳基生物，是以碳为骨架的生物，或者说是以碳材料为主要组成成分的有机体。这样的群体种类所形成的文明就是碳基文明。碳基文明代表了人类文明或地球文明，也可能代表外星文明。

与"碳基文明"相对应，这里的"硅基文明"也应当是文明种类，是承载文明的群体种类。也就是说，是硅基人或者硅基生命创造的文明。

所谓硅基生命，是指具有或超过人类智能的机器人。具体地说，我们目前使用的计算机，就是用硅器，或者说以硅材料制成的芯片为基础工作的。如果这个计算机再高级一些，发展成为智能"电脑"，或者机器人，那就是硅基生命了。而网络世界，或许将是硅基世界了。因此，所谓"硅基文明"，就是人工智能时代的文明，就是以机器人为主承载的文明。硅基文明的承载者不再主要是人类，而是机器人。显然，虽然我们千方百计地想创造出硅基生命，但还远没能如愿。从这个角度讲，"硅基生命"是不存在的，"硅基文明"也就子虚乌有了。当然，关于"硅基文明"的定义不一而足，尚有其他所指，这里不再仔细区分。

虽然"硅基文明"不符合文明的一般含义。但是，没有电子技术的发展，不可能有人类今天的思想进步。从这一点出发，说我们已经进入硅基文明时代并不过分。

生命话题少不了地外生命

人类渴望了解自身生命的奥秘，包括生命的起源、生命的机制，如人类意识、情绪的起源等。同时，人类也梦想着创造智慧如自己的生命，只是，对于如何创造生命还没有找寻到正确的路径。人类希望通过仿制或模拟自身的行为来实现创造生命的目标，这就是人工智能。但是，由于对自身生命运行机制缺乏了解，人类模仿自身创造生命目标的实现可能遥遥无期。

除此之外，人类还想知道是否有地外生命，即外星生命的存在。人类的"外星人情结"尤以美国人为甚。

美国人拥有一种特别的"外星人情结"，这可能与他们信仰的宗教有关。所以，美国人始终没有停下他们对外星文明探索的脚步。

1960 年康奈尔大学的天文学家法兰克·德雷克，在美国国家射电天文台使用位于西弗吉尼亚州的绿堤射电望远镜开始了他称之为奥兹玛计划（Project Ozma）的搜寻地外文明计划（search for extra terrestrial intelligence，SETI）实验，实验的目的是通过无线电波搜寻地外生物标志信号。

1972 年，美国发射了"先驱者 10 号"飞船，它于 1987 年飞出了太阳系，飞船上的金属片刻画了人类的形象、人类居住的地球以及太阳系的位置。

1977 年，美国的"旅行者 1 号"又给外面的世界带去了更丰富的信息，包括一部结实的唱机和一张镀金的唱片，唱片上收录了几十种人类语言和多首音乐作品（其中有中国的古曲）。人们热切地期望外星人会收到它。虽然鉴于星球间存在着巨大的距离，科学家认为即使有外星人，也不可能飞抵地球，但他们并未否定外太空存在生命的可能。

卡尔·萨根在接受《首映》杂志采访时，这样解答美国人的"外星人情结"："外星生命的问题是可想见的最深切的哲学和科学问题之一，洞见着我们自身在宇宙中的位置。不仅如此，它还是一面往往以相当宗教的方式反映我们的希望和恐惧的绝佳镜子。"

卡尔·萨根何许人也?

卡尔·萨根(Carl Sagan, 1934—1996),美国天文学家、天体物理学家、宇宙学家、科幻作家和非常成功的天文学、天体物理学等自然科学方面的科普作家。行星学会的创建者之一。

卡尔·萨根的一生主要从事天文学以及核战争对环境的影响等方面的研究。他曾任美国天文学会行星科学分会主席,美国地球物理学会联合会行星学会主席。他在美国的太空计划中起到了十分重要的作用,曾荣获美国国家航空航天局的特别科学成就奖和阿波罗成就奖,两次获得公共服务奖。此外,他还因在反对使用核武器方面的杰出贡献而获得许多奖励。

1996年12月20日,卡尔·萨根因病去世。这是一个与众不同的人,他的碑文也与众不同:纪念卡尔·萨根(1934.11.9—1996.12.20)——丈夫、父亲、科学家、教师。卡尔,你是我们在黑暗中的蜡烛。

卡尔·萨根一直坚定地相信地外文明的存在。1985年,卡尔·萨根出版了他一生中唯一一部科幻小说《接触》(Contact)。该书写女主角通过时空隧道到织女星旅行的故事。

卡尔·萨根最初想用黑洞作为"时空隧道",但他拿不定主意,于是去请教基普·索恩(Kip Thorne,加利福尼亚州理工学院的著名黑洞专家,2017年诺贝尔奖获得者)。索恩建议他改用"虫洞"。卡尔·萨根接受了他的建议。这是"虫洞"这一名词第一次进入科幻小说中。在那之后,各种科幻小说、电影及电视连续剧相继采用了这一名词,"虫洞"逐渐成了科幻故事中的标准术语。

1997年7月11日,根据卡尔·萨根小说《接触》改编的电影《超时空接触》在美国上映,由著名女星朱迪·福斯特主演。

《超时空接触》讲述的故事是这样的:自小跟随父亲探索天文的埃莉,始终相信外太空存在其他文明生物,乃锲而不舍地透过大型雷达接收外太空传来的声音,果然有所收获,于是美国政府决定进行一次接触外星人的太空之旅。埃莉争取到了这个任务,但结局却出乎所有人的预料。

时空机器宛如一个原子的模型,埃莉的座舱被慢慢放入中心,不可思议的事情出现了:埃莉发现自己的座舱变得透明了,自己正在穿越一个光怪陆离的隧道,最终她来到了一个星球的沙滩上,发现欢迎她的是自己过世多年的父亲!18个小时后,埃莉返回,地球上的人们无论如何不相信所发生的事:他们看到的是埃莉的座舱径直掉入了旁边的海中,而一切只有几秒钟的时间。但埃莉带去的录像机录下了十几个小时的空信号,使人们相信了埃莉。

在数不胜数的科幻小说中,卡尔·萨根的《接触》是比较深刻的一部。这部小说的主题涉及很多内容：

第一，地外到底有没有文明？我们究竟是不是神创造的？

第二，不管我们信仰什么，宗教也好，科学也好，我们都有一个共同的目标，那就是寻求真理。

第三，探讨科学与宗教的关系问题。

实际上，人类对外星文明的探索，不仅涉及科学与宗教关系，更是关乎人类生存的意义。正如影片中的对白所说的：

"很久以来，我就一直想知道我们为什么会生活在这里，我们究竟是谁。"

"我们发现彼此的接触能够填补人们那空虚寂寞的心灵……亿万年来均是如此，而宇宙中如果只有我们的话，那岂不是太浪费地方了？"

影片向人们展示了外星文明的存在和高度发达。外星人向埃莉证明了他们的存在：传来信号和图纸；地球几秒钟，织女星十几个小时；分析埃莉的心思，幻化出她的父亲迎接她；等等。但是，埃莉却无法直接向世人证明外星人的存在。

这个结果是有深刻隐喻的。

在影片中，女科学家埃莉与神学家帕尔默，两人观点不同，经常激烈辩论，但惺惺相惜。两人争论的终极问题是：假如上帝是存在的，他为什么不自己证明自己的存在？影片通过外星文明的展示过程隐喻：上帝即使向你证明了他的存在，你也无法向世人证明上帝的存在。

第二章　人工智能究竟是什么

所谓智能，就是自动化？创造"生命"的历程就是自动化的过程？

当我们谈论人工智能的时候究竟在谈论什么？

2017 年清华大学王志华教授表示，我们现在所谓的 AI 并非真正的 AI。如果真是这样，当我们谈论人工智能的时候，我们究竟在谈论什么呢？

人工智能这个术语，最初的来源是人类智能。所以人工智能的终极目标是制造一种机器，它像人类一样聪明。而事实是，机器人只是在某种技能上超过了人类，但缺乏基本的生活技能。原因很简单，我们一直是让机器模仿人，但是我们不知道人类大脑是如何工作的，所以无法模仿。因此，从严格意义上说，没有人在做像人一样智能的东西。这句话的另一层含义就是，没有人在做真正的 AI。

以 AI 的重要领域自然语言处理为例。自然语言处理的典型例子就是机器翻译。现在谷歌的机器翻译已经非常实用。但实际上应用在这个领域的"人工智能"就是一个强大的数据分类工具。这个工具令人印象深刻，但它与人类认知完全不同。谷歌的机器翻译据说是采用了神经网络算法，所以才取得了突飞猛进。但是，神经网络算法至少在 50 年前就已经存在了。

从这个角度说，我们谈论人工智能实际上是在谈论算法。

在模式识别方面，由于采取了先进的算法，计算机获得了更强大的计算能力，现在已不需要人工进行特征提取了，而改为自动提取。因此，我们现在认为的人工智能，倒不如称之为"机器自动化"。

从这个角度说，我们谈论人工智能实际上是在谈论自动化或者自动控制。

从瓦特蒸汽机开始，人类开始了自动化的脚步。现在所谓的技术傻瓜化，其实就是完全的自动化。自动化的所有这些进步都受到欢迎。但如果认为机器已经具有了智能，或者模拟了人的智能则未免言过其实。

实际上，人工智能这个学科最早就是从控制论（cybernetics）这个学科分化出来的。人工智能的原始构想几乎都是从 "cybernetics" 开始的。人工智能这个学科最开始应该叫什么呢？几个创始人拿不定主意。本来应该叫 "cybernetics" 的，后来鬼使神差叫成 "artificial intelligence"。维纳的 *Cybernetics* 刚传入中国时，曾译为 "机械大脑论"，意即会思考的机器。1961 年在翻译第二版 *Cybernetics* 时，罗劲松、龚育之等四名学者觉得把它翻译成机械大脑论可能会被认为是唯心主义，所以最后他们将书名改译为 "控制论"。将 "cybernetics" 翻译成 "控制论" 是有很大问题的。其实从学术角度看，*Cybernetics* 书中 3/4 的内容是关于机械大脑，最多 1/4 是关于控制的，所以翻译成 "机械大脑论" 更合适。提出 AI 一词的 约翰·麦卡锡（John McCarthy）晚年说 AI 其实就是 automation of intelligence（智能自动化）之缩写。

这就是为什么，我们说谈论人工智能实际上是在谈论自动控制。

例如，自动驾驶。

维基百科（Wikipedia）对人工智能系统的定义是："一个可以感知周围环境并做出行动以最大可能性达到某个目标的系统。"用通俗的话说，就是让机器像人一样认识环境并以最优方式采取行动。人工智能包含两部分：感知部分、决策与行动部分。

值得注意的是，自动控制系统和人工智能系统的定义是非常相似的。自动控制系统的组成是：被控对象与环境，传感器（感知部分），执行机构，控制器。自动控制专业是研究控制器的，即决策与行动部分。

目前，人工智能领域做的大部分工作都在感知方面，如模式识别、图像识别、语言识别、图像处理等，不包含决策与行动部分。

自动驾驶完全就是一个自动控制系统。汽车加路况是被控对象与环境；传感部分测量车速、方向和路况等；发动机、电机等是执行机构；控制器，是自动控制的工作。所谓 "人工智能"，在这里主要是对于路况的感知，基于图像处理等技术，也称信息融合。所以说，谈论自动驾驶也就是在谈论自动控制。

然而，自动控制中很重要的内容是控制算法，如 PID（proportion integral differential）算法。这样，我们又回到了话题的起点，即算法。所以有人说，人工智能的本质是算法，由此可见一斑。

以 AlphaGo 击败围棋世界冠军李世石为标志，人工智能开始走上风口浪尖，由此开启了一场全世界人工智能的狂欢。随着 AlphaGo 不断踢馆世界各大围棋高手，人们对人工智能的看法也越来越乐观。有不少专家表示，未来几十年内，大部分人类的工作都会被机器人取代，还煞有介事地排出了一个最容易被人工智能替代的职业榜单。尽管我们也确实看到不少人工智能取代人类的案例，却无法掩盖一个残忍的事实：关于人工智能的诸多幻想，或许只是我们的美好愿望而已。

为什么这么说呢？因为人工智能并未达到（且短时间内也不会达到）代替人类的水平。人工智能分为两种：一种是只有单一功能的弱人工智能，另一种是能比拟人类的强人工智能。目前的情况是：弱人工智能比人强，强人工智能比人弱。例如，AlphaGo，下围棋它是世界第一，在其他方面的能力却几乎为零。同样，我们不难想象，世界上功能最强的 AI 在常识方面也未必比得过一只老鼠。

之所以出现疑义，是因为科学家或者媒体对公众表述的时候不够严谨。当提及科学完整性的问题时，准确的定义是很重要的。在 1974 年加利福尼亚州理工学院开学典礼上，理查德·费曼（Richard Feynman）说了一句话，后来广为流传：首要原则是你不能欺骗自己——而你是最容易被欺骗的人。在同一篇演讲中，费曼也说过："当你作为一个科学家说话时，你不应该欺骗外行。"他认为科学家应该向后弯腰，以表明他们可能是错的。"如果你把自己视为一名科学家，那么你应该向外行解释你在做什么——如果在这种情况下他们还不想支持你，那么这就是他们的决定。"

就人工智能而言，这可能意味着科学家有义务清楚地声明，他们正在开发极其强大的、有争议的、有利可图甚至危险的工具，而这些工具不构成任何人们熟悉的或者全面意义上的智能。

我们有一种感觉，就是人工智能在我们的生活中已变得不可或缺了。其实，仔细分析一下，会发现，在我们的生活中不可或缺的实际上是芯片，就是集成电路。对于眼下所谓的人工智能来说，集成电路是其最核心的载体。我们每时每刻都在与集成电路产生着紧密的联系和互动。例如，手机。我们现在都离不开手机。睡觉之前做的最后一件事，可能就是看手机，睡醒后做的第一件事也是看手机。但是，手机最关键的部件就是 CPU。手机里面做支撑的就是集成电路。

所以，从这个角度说，我们谈论人工智能实际上是在谈论集成电路。

目前，人工智能很热。尽管有不同声音，但并不能阻挡人们对人工智能的狂热追捧。实际上，人类对智能机器人的特殊感情由来已久。1950 年，"计算机科学之父"艾伦·图灵提出了针对智能机器人的"图灵测试"（The Turing test），这点燃了人们对人工智能的热情。然而仅仅十几年之后，科学家们就发现这条路非常漫长，过热的市场也纷纷开始撤资。

现在，媒体的过度吹捧和市场的盲目跟进，再一次吹大了人工智能的泡沫。虽然人工智能毫无疑问是未来发展的方向，但是技术的进步不是一朝一夕就能完成的事情。

所以，当我们谈论人工智能的时候，必须牢记我们不能夸夸其谈。不管说得如何天花乱坠，是什么就是什么，不是什么终究不会成什么。

人工智能就是统计学？

2018 年 8 月 11 日，诺贝尔经济学奖获得者托马斯·萨金特（Thomas Sargent）在"共享全球智慧 引领未来科技"世界科技创新论坛上表示：人工智能其实就是统计学，只不过用了一个很华丽的辞藻。

托马斯·萨金特是 2011 年诺贝尔经济学奖获得者。他是美国经济学家、纽约大学教授。

什么是统计学可能一两句话说不清楚，但学过统计物理的人都知道，统计物理的主要任务是计算物理量的平均值，就是加权平均。在统计学中计算平均数等指标时，对各个变量值具有权衡轻重作用的数值就称为权数。例如，求数串 3，4，3，3，3，2，4，4，3，3 的总和。一般求法为 $3+4+3+3+3+2+4+4+3+3=32$，加权求法为 $6\times3+3\times4+2=32$，其中 3 出现 6 次，4 出现 3 次，2 出现 1 次，6，3，1 就是权数。这种方法叫加权法。将各数值乘以相应的权数，然后加总求和即为加权求和。加权求和的大小不仅取决于总体中各单位的标志值（变量值）的大小，而且取决于各标志值出现的次数（频数），由于各标志值出现的次数对其在平均数中的影响起着权衡轻重的作用，因此称为权数。

将加权和除以总的单位数即加权平均值。例如，一个同学的某一科的考试成绩为：平时 80 分，期中 90 分，期末 95 分，学校规定的科目成绩的计算方式是：平时测验占 20%，期中成绩占 30%，期末成绩占 50%。这里，每个成绩所占的比重就是权重。那么，成绩的加权平均值 =（ $80\times20\%+90\times30\%+95\times50\%$ ）/（20%+30%+50%）=90.5，而算术平均值（80 + 90 + 95）/3 = 88.3。

上面的例子是已知权重的情况。下面的例子是未知权重的情况：假设一个人购买了两种股票，股票 A，1000 股，价格 10 元；股票 B，2000 股，价格 15 元；则股价的算术平均值 =（10 + 15）/ 2 = 12.5；股价的加权平均值 =（ $10\times1000+15\times2000$ ）/（1000 + 2000）= 13.33。一般情况下，算术平均值与加权平均值是不同的，只有在每一个数的权数相同的情况下，加权平均值才等于算术平均值。

比较一下统计学和人工智能的研究方法，还真有几分相似。统计学通过对大量数据的特征提取，找到观察量的平均性质，作为判断和选择的依据。人工智能又何尝不是这样？例如，专家系统（expert system）是把大量知识经过统计和优化转化为中小企业团队精心制定的决策。又如，神经网络是一种运算模型，由大量的节点（或称"神经元""单元"）相互连接构成。每个节点代表一种特定的输出函数，称为激励函数（activation function）。每两个节点间的连接都代表一个对于通过该连接信号的加权值，称为权重（weight），这相当于人工神经网络的记忆。网络的输出则依网络的连接方式、权重值和激励函数的不同而不同。深度神经网络是借鉴脑感知的分层次信息处理过程的，输入层之后的每一层（如隐含层）上的每一点由前一层各点加权平均得到。

　　不管是统计学还是人工智能，其最终的本质和目的都是优化。从这一点看，萨金特无疑是说中了要害。统计学是人工智能的"大脑"，是人工智能的运算方法和机制，也就是核心。

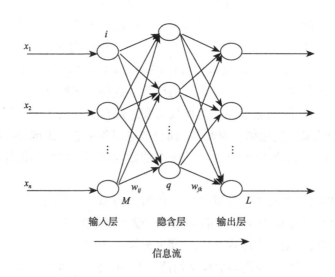

人工神经网络示意图

输入层之后的每一层（如隐含层）上的每一点由前一层各点加权平均得到

　　根据科学家关于统计学的最新定义，统计学是从数据中学习的科学（the Science of Learning from Data）。也就是说，统计学就是人人都感兴趣的"数据科学"。"数据科学"这个提法，最早可能来自美国国家工程院院士吴建福（C. F. Jeff Wu）1997年就任密歇根大学 H. C. Carver 讲座教授时的公开演讲，题目就是 "Statistics = Data Science?"。吴建福教授那时就主张将统计学改称数据科学，统计学家改称数据科学家。吴教授的这些主张在多年后开始实现，甚至耶鲁大学的统计系都改名为统计学与数据科学系。我国自 2011 年设立统计学一级学科以来，很多高校成立了统计学院 / 研究院或大数据学院 / 研究院。考虑人工智能也是以大数据为基础的，人工智能就是统计学的说法还是很有道理的。

但是，也有人认为人工智能只是借助统计学的方法获得了初步成功。但显然，它在很多方面与统计学存在巨大差异。统计学只是人工智能若干重要基础之一，但远不是全部。萨金特说人工智能就是统计学，并不全面，只能特指现阶段的人工智能。

美国国防部高级研究计划局（Defense Advanced Research Projects Agency，DARPA）信息创新办公室的主管约翰·罗伯伯里（John Launchbury）写了一本书叫《人工智能的三次浪潮》（*Three Waves of AI*），他从一个更长远和宽广的视角，将人工智能的历史与未来划分为了三个阶段：

第一个阶段是手工知识（handcrafted knowledge）阶段；

第二个阶段是统计学习（statistical learning）阶段；

第三个阶段是语境顺应（contextual adaptation）阶段。

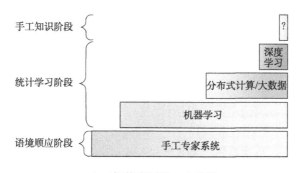

人工智能发展的三个阶段

我们目前处在第二个阶段，即统计学习阶段。上面已经讲过了，这一阶段的人工智能与统计学类似。但是，当人工智能进入下一阶段，则会呈现不同于统计学的特征。统计学习阶段的人工智能最擅长分类，而下一阶段的人工智能可能要向感知、学习、推理以及抽象发展。

其实，人工智能是不是统计学并不重要，重要的是我们能够用它解决问题，特别是解决传统统计学解决不了的难题，重要的是我们把它按照我们希望的样子发展起来、应用起来。

当我们学习人工智能的时候究竟要学习什么？

宋苏轼诗《题西林壁》云：

> 横看成岭侧成峰，远近高低各不同。
>
> 不识庐山真面目，只缘身在此山中。

一千个人眼中有一千个哈姆雷特。不同的人，不同的视角，人工智能的内涵不同。有人说它是自动化，有人说它是芯片，有人说它是图像识别，有人说它是统计，有人说它是算法，莫衷一是，但也没什么奇怪。

那么，从大学开设的课程看，人工智能主要是要学习什么呢？总结起来，可能是算法。

本质上人工智能只是算法实现，那么不管什么硬件其实都是算法的载体。例如，一个下围棋的人工智能算法，可以用 CPU 实现，也可以用 GPU 实现。但总的来说，GPU 在处理计算机视觉相关算法方面比较有优势。

算法的实现建立在数学的基础上，所以人工智能学习的基础是数学：

高等数学；

线性代数；

概率论；

数理统计；

随机过程；

等等。

经典的机器学习理论和算法包括：

1）回归算法

常见的回归算法包括最小二乘法（least square method）、逻辑回归（logistic regression）、逐步回归（stepwise regression）、多元自适应回归样条（multivariate adaptive regression splines）及本地散点平滑估计（locally estimated scatterplot smoothing）。

2）基于实例的算法

常见的算法包括 k 最近邻（k-nearest neighbor，KNN）算法、学习矢量量化（learning vector quantization，LVQ）和自组织映射（self-organizing map，SOM）算法。

3）基于正则化方法

常见的算法包括岭回归（ridge regression）、最小绝对值收敛和选择算子（套索算法）（least absolute shrinkage and selection operator，LASSO）和弹性网

络（elastic net）。

4）决策树算法

常见的算法包括分类及回归树（classification and regression tree，CART）、迭代二叉树三代（iterative dichotomiser 3，ID3）算法、卡方自动交互检测法（chi-squared automatic interaction detection，CHAID）、单层决策树（decision stump）、随机森林（random forest）、多元自适应回归样条（MARS）及梯度推进机（gradient boosting machine，GBM）。

5）贝叶斯方法

常见的算法包括朴素贝叶斯算法（naive Bayesian algorithm）、平均单依赖估计（averaged one-dependence estimators，AODE）和贝叶斯信念网络（Bayesian belief network，BBN）。

6）基于核的算法

常见的算法包括支持向量机（support vector machine，SVM）、径向基函数（radial basis function，RBF）和线性判别分析（linear discriminant analysis，LDA）等。

7）聚类算法

常见的算法包括 k 均值聚类算法（k-means clustering algorithm）和最大期望值法（expectation maximization，EM）。

8）基于关联规则学习

常见的算法包括 Apriori 算法和 Eclat 算法等。

9）人工神经网络

常见的算法包括感知器神经网络（perceptron neural network）、误差逆传播（back propagation）、霍普菲尔德（Hopfield）神经网络、自组织映射（Self-Organizing Map，SOM）及学习矢量量化（Learning Vector Quantization，LVQ）。

10）深度学习

常见的算法包括受限玻尔兹曼机（restricted Boltzmann machine，RBN）、深度信念网络（deep belief network，DBN）、卷积网络（convolutional network）及堆栈式自动编码器（stacked auto-encoders）。

11）降低维度的算法

常见的算法包括主成分分析（principle component analysis，PCA）、偏最小二乘回归（partial least square regression，PLS）、Sammon 映射、多维尺度（multi dimensional scaling，MDS）及投影追踪（projection pursuit）等。

12）集成算法

常见的算法包括提升算法（boosting algorithm）、自举聚合（bootstrapped aggregation，Bagging）、自适应增强（adaptive boosting，AdaBoost）、堆叠泛化（stacked generalization，Blending）、梯度推进机（gradient boosting machine，GBM）及随机森林（Random Forest）。

有了算法，需要将其编程实现。所以编程语言是人工智能第二个重要内容。人工智能是一个很广阔的领域，很多编程语言都可用于人工智能开发，所以很难说人工智能必须用哪一种语言来开发。目前，编程最重要的语言当数Python。原因是Python是脚本语言，简便，方便编写和运行。

Python之所以简便，是因为它拥有Matplotlib、NumPy、Sklearn、Keras等大量的库，这些库为使用者数据处理、数据分析、数据建模和绘图提供了方便。机器学习中对数据的爬取（Scrapy）、对数据的处理和分析（Pandas）、对数据的绘图（Matplotlib）及对数据的建模（Sklearn）在Python中全都能找到对应的库来进行处理。因此，要想学习AI而不懂Python，那就相当于想学英语而不认识单词。

其他语言如Java、Lisp、Prolog、R、MATLAB等也具有强大的功能。编程语言就如同战士的武器，刀、枪、剑、戟，各具神通，各有路数。任何一种武器钻研透彻了，都将所向披靡。

当然，在大学里学习某个专业有系统的课程设置，绝非一句"算法学习"那么简单。为加深读者印象，以下列出某高校智能科学与技术专业本科人才培养方案。希望能回答"当我们学习人工智能的时候我们究竟要学习什么？"这个问题。

智能科学与技术专业本科人才培养方案

专业主干课程：智能科学与技术导论、数据科学、人工智能原理、智能系统与制造、机器学习等。

一、通识教育课程

1. 必修课
中国社会发展导论
大学英语
大学语文
体育
大学与人生导论

中国传统文化概论

二、基础教育课程

1. 必修课
高等数学
计算导论与程序设计
计算导论与程序设计实验
智能科学与技术导论
数据结构
数据结构实验
高等数学Ⅱ
电工电子学
电工电子学实验
线性代数
概率论与数理统计
离散数学
数字逻辑
数字逻辑实验
面向对象编程（Java）
复变函数
2. 选修课
程序设计知识群
Python 程序设计
MATLAB 程序设计
数学基础知识群
数学建模
运筹学
组合数学

三、专业教育课程

1. 必修课
最优化理论与算法
计算机网络实验

计算机组成原理及设计

计算机组成原理实验

计算机网络

自动控制原理

人工智能原理

操作系统

操作系统实验（Linux）

数据科学

机器学习

智能系统与制造

嵌入式系统开发

人工智能与多学科实践创新

"AI+X"企业实习

毕业论文

2. 选修课

人工智能基础知识群

物联网：技术、应用与商业模式

数字信号处理

信息论与编码理论基础

模拟集成电路设计基础

随机信号分析

无线通信原理

信号与系统

人工智能进阶知识群

计算智能

数字图像处理

软件工程

云计算

自然语言处理

人工智能安全

电子电路设计

智能科学与技术前沿讲座

群体智能

机器视觉

智能应用知识群

生物信息学

脑与认知科学

智能游戏

智能新媒体

智能机器人

智能医疗

数据科学知识群

大数据分析

智能学习理论

数据库原理与应用

电子学这座大厦之中，人工智能身在何处?

每年新生入学，都会纠结于电子技术是干什么的、电子系与计算机系的区别等。谈到电子系，很多人认为和计算机系差不多，都是与计算机相关的。也有人认为，就是研究设计电子管的。特别是学校大类招生以后，电子系、微电子系、计算机系的学生经常一起上课，所以大家更容易产生以上误解。

其实电子学涉及的层面很广。在整个信息技术（information technology，IT）行业，计算机、电子和微电子的关系十分紧密，相互间有很多交叉领域。下图给出了电子学领域的框架结构。

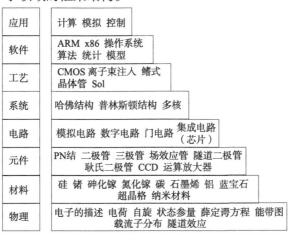

电子学大厦

电子学的基础是对电子做出物理学的描述。作为微观粒子，电子需要采用量子力学描述。量子力学是物理专业的学生最核心的一门课，研究生考试最常考的一门课。量子力学能带理论的突破，使人们的认识有了飞跃。原来世界上的许多事情都是"电子惹的祸"。材料与材料的不同不在于结构，而在于其电子的能级分布。能带理论使人们明白材料为什么有导体、绝缘体和半导体之分。在此基础上发明了晶体管，世界进入新时代。隧道效应是量子力学揭示的最为神奇的微观效应之一。所谓隧道效应，是指能量低于势垒的粒子有一定的概率穿越势垒。这是一种量子力学效应。1958年江崎博士发表了关于隧道二极管的论文，从此关于金属和超导体的隧道现象的研究有了飞跃发展。大学物理学的课程包括大学物理、量子力学、半导体物理等。

上面谈到的电子是抽象的电子，或者说是电子的共性。不同材料中的电子的表现又各有不同。这就需要讨论材料的性质。在电子领域，我们主要涉及电子材料，如硅、锗、石墨烯等半导体材料。大学材料学的课程包括半导体材料、电子材料等。

半导体元件也称半导体器件。构成半导体器件的基本单元有 PN 结、金属 - 半导体接触、异质结、MOS 结构等。半导体器件物理的研究对象就是这些基本单元的性质。利用这些基本单元可构成各种半导体器件，如场效应管、二极管等。有了这些半导体器件，则可搭建各种能实现一定功能的电路。把这个电路集成在一块芯片上就是集成电路。关于集成电路，又涉及电路设计、工艺等，属于微电子学。

电子携带有信息，就是电子信息。信息通过模拟电路和数字电路处理。模拟电路和数字电路是电子技术专业最基本的两门专业课程。

各种电路组合在一起并完成一定功能，则形成系统。计算机就是这样一个系统。计算机或者任何芯片的结构都离不开普林斯顿结构或哈佛结构。

对系统的控制是通过软件进行的。这样就产生了各种编程语言，如汇编语言。对芯片的控制是通过指令进行的，芯片的指令集分为 x86 架构和 ARM 架构两类。这两种架构针对不同的应用模式设计 CPU，主要是计算机和手机模式，前者采用通用计算机 CPU，后者则采用嵌入式单片机类型的 CPU。

一般而言，软件的设计和开发属于计算机方向。其应用十分广泛，如农业自动化、控制、通信等。

可以看出计算机、电子和微电子这三个领域有比较明显的界限。简单来说，最底层的芯片内部设计等方向属于微电子领域，最顶层的和用户直接交互的软件、系统等的设计运用，属于计算机领域。这两层之间的领域，电子领域都有涉及。

那么，在这座电子学的大厦之中，我们感兴趣的人工智能又身在何处呢？

如前所述，从电路的角度看 AI 的核心是芯片，所以我们可以从集成电路的设计、制造、应用中看到它的身影。另外，AI 也与算法、模型、统计息息相关，这些主要是数学、软件工程、计算机领域的任务。到此我们不难理解，对于 AI 的归属，为什么电子、计算机领域都有一争。

人工智能领域火热背后，最终还是离不开芯片！

王志华说："不管是哪些领域，只要你做的是可知的应用，那你就老老实实地说你在做应用、在做图像解析，而不要吆喝着所谓的'人工智能'。"

王志华的这段话可从另一个角度理解。目前的人工智能其实是在做应用，是在让机器获得智能。当前的机器是如何获得智能的？毫无例外，必须给它们安装智能之心，这颗智能之心就是芯片，或称为集成电路。

所以人工智能的提高依赖芯片智能的提高。

硅器时代也就是微电子时代，而微电子时代的典型代表就是芯片，或者说集成电路。2018 年 4 月，美国宣布制裁中兴公司，一时间，小小芯片掀起轩然大波。人们突然意识到，原来所谓的半导体，不只是那个半导体收音机，还包括各种计算机芯片。

1958 年年底到 1959 年年初，美国德州仪器（Texas Instruments，TI）公司的杰克·基尔比（Jack Kilby）和美国仙童半导体（Fairchild Semiconductor）公司的罗伯特·诺伊斯（Robert Noyce）差不多是同时宣布发明了集成电路（integrated circuit，IC）。这是公认的史上最伟大发明之一。2000 年，这项发明获得了诺贝尔物理学奖。可惜的是，诺伊斯已于 1996 年离世，没能与基尔比共享此项殊荣。

同晶体管一样，集成电路改变了我们这个世界。集成电路越来越小，但功能却越来越强大。那么，集成电路的发明究竟是在物理或技术的哪些方面取得了突破呢？

集成电路的第一个突破是解决了器件隔离问题。集成的含义是将电阻、导线、二极管、三极管等所有电路元件全部集成在一块半导体芯片上。这就要解决器件隔离问题。因为半导体导电，如果不加隔离，元器件的端口都将处于同一电位，那就不可能具有电路功能。基尔比采用的策略是用 PN 结隔离，即利用 PN 结正向导通、反向截止的性质，在器件之间建起一堵堵 PN 结的"墙"。基尔比的这个策略完美地解决了隔离问题，因而沿用至今。

集成电路的第二个突破可能是思想上的。集成电路是要用相同的材料制造电阻器和电容器等无源器件，以及晶体管等有源器件。既然所有元器件都可以用同一块材料制造，那么这些部件也可以先在同一块材料上就地制造，再相互连接，最终形成完整的电路。我们知道，在集成电路之前，制作电阻、器件的材料是不同的，如果全部要用硅来做，是否会影响器件的性能呢？基尔比采用的是整体提高的战略，虽然电阻性能下降，但集成电路整体性能提高。

实际上，集成电路所能完成的工作是原来的分立器件组成的电路所无法完成的，即两者已经发生了质的变化。

集成电路的第三个突破事关效率。当时生产晶体管用的是半导体平面工艺。这个工艺很复杂，而且一次只在硅片上生产一个晶体管，显得非常浪费。既然在硅片上一次能生产一个晶体管，为什么不同时生产多个晶体管呢？集成生产才能体现工艺的效率。

另外，当时的晶体管很大，但其中真正起作用的，只是很小的晶体，尺寸不到百分之一毫米，而无用的支架、管壳却占去大部分体积。如果把无用的支架、管壳去掉，把有用部分留在硅片上，岂非物尽其用，利用率更高？

在集成电路的发展过程中，平面工艺的提出是一个里程碑。平面工艺是氧化、光刻、扩散掺杂、外延等一套硅基工艺的组合，它的一个最重要的性质是可以把双极结晶体管（bipolar junction transistor，BJT）的 E，B，C 三个电极（以及后来 MOSFET 的 D，G，S，B 四个电极）都在同一平面上引出。这个性质是实现集成电路的根本保证，其中欧姆接触起了重要作用。如果不是这样，BJT 的 C 极只能从硅片的背面引出，那么无论如何也不可能在同一硅片上实现晶体管之间的电学连接，集成电路也就无从谈起。

如前所述，现在我们公认是基尔比和诺伊斯同时发明的集成电路。但若从工艺的角度讲，诺伊斯的集成电路一开始就是基于平面工艺，是可以大规模量产的，而基尔比的办法是做不大的。因此，后人无论如何也不能忘记诺伊斯的贡献。

上面所述是集成电路的发明在物理或技术方面的突破。在集成电路发展之后，集成电路的主要突破就主要集中在尺寸减小和功能增强方面了。

实际上，谈集成电路的突破不能不说的是，它突破了专业的界限。集成电路是什么？是器件？还是电脑？现在的集成电路集成了计算、通信、网络等诸多功能，而在以前，它们分属于不同的专业。

而对于大众来说，他们对集成电路的认知最初是始于电脑的 CPU。

20 世纪六七十年代出生的人，都是伴随着英特尔的 CPU 逐渐成长起来

的。大学里，微机原理是一门重要的课，而那时的微机原理就是讲英特尔的
8086/8088。

中央处理器（CPU）又称微处理器（microprocessor），是现代计算机的核
心部件。对于电脑而言，CPU 的规格与频率常常被用来作为衡量一台电脑性能
的重要指标。英特尔公司是世界上最重要的 CPU 生产厂商。英特尔奔腾、酷睿、
阿童木，这些 CPU 大家耳熟能详。英特尔的 CPU 向人们展示了什么是技术创
新的永无止境。

我们知道，计算机产业的腾飞借助于三项重要的发明：晶体管、集成电路
和微处理器。1971 年英特尔的特德·霍夫（Marcian Edward（Ted）Hoff）设计
出划时代的产品——Intel 4004，开启了英特尔的 CPU 之路，他也因此获得"微
处理器之父"的美名。Intel 4004 是一个 4 位微处理器，含有 2300 个晶体管，功
能相当有限，而且速度还很慢，但它标志着第一代微处理器问世，微处理器和
微机时代从此开始。

此后几年，CPU 沿着集成度、主频、总线位数、工艺尺寸等方面进入赛车
道。例如，8080，2MHz，8 位；8086，6MHz，16 位；80286，20MHz，16 位；
80386，40MHz（后期产品），32 位。这段时期 CPU 主要是提高其计算能力。

随着计算机的发展，人们的需求不断提高。计算机从单纯的计算开始向多
媒体转变。CPU 为适应这一要求在架构上有了新的变化。英特尔开始使用自造
的新词来作为新产品的商标，如 Pentium（奔腾）、Pentium Pro（高能奔腾）、
奔腾 MMX（多能奔腾）。奔腾 MMX 是英特尔在 1996 年年底推出的，它处理
多媒体的能力与上一代产品相比提高了 60% 左右。奔腾 MMX 的推出，标志着
英特尔的新辉煌时代的到来。

从 Intel 80286 到 Pentium IV 的路线一直是让晶体管翻转得越来越快（两者
约 2000 倍的差别）。其中的重要指标就是工作频率，工作频率又称"主频"。
按照冯·诺依曼程序存储的思想，计算机首先要把程序装入内存，然后顺序执行。
指令按拍节执行。工作频率越高，表明指令的执行速度越快，指令的执行时间
也就越短，对信息的处理能力与效率就高。因此，相当长一段时间内，计算机
的主频成为衡量计算机性能的重要指标。

为提高 CPU 性能，最简单最直接的方法是提高主频。然而这个方法有一个
重大的问题，就是功耗的提升远远高于性能的提升，因为 CPU 的功耗，在不考
虑漏电的情况下，与主频成正比，也与电流的平方成正比。如果单核 CPU，主
频从 1GHz 提高到 2GHz，性能翻倍，然而主频翻倍，电流必然要提升，否则
CPU 的稳定性会下降。由于功耗与电流的平方成正比，只要电流提升一点点，

就会极大地提升功耗，故在主频翻倍、电流提高的双重作用下，性能翻倍，但功耗却可能要增加 3—4 倍。因此，CPU 的主频不能无限制提高。

除了功耗，互连线延迟也表现得越来越明显。芯片上除了晶体管就是互连线。互连线的主要工作是把一个晶体管工作的结果传给另一个晶体管，是个搬运工的角色。过去，晶体管翻转的很慢，所以没人在乎这种搬运工带来的任何延时影响。但是，随着晶体管越来越小，速度越来越快，互连线的延迟并不随之缩短，这就成了问题。以前晶体管每翻转一次互连线能够把数据从芯片的一端送到另一端，而如今这种对角线传输得花好几次晶体管翻转的时间。摩尔定律说明晶体管集成度越来越高，但是互连线却相对地越来越慢了。这带来的最大问题是干一件事情需要花的步骤更多了。打个比方，工厂里的流水线级数越来越多，很多步骤都是在把东西从一个车间搬到另一个车间。在 Pentium Ⅳ 的时候，干一件事情（执行一条指令）要用 20 级流水线。流水线级数长不是什么好事，因为一旦当前面流水线级处理的东西出了问题，后面正在处理的那些东西就得从头再来。当年，AMD Athon 之所以能在与英特尔 Pentium Ⅳ 的争夺中占领一席之地，就是因为虽然 AMD Athon 的晶体管翻转得慢，但流水线级数少，因此那种从头再来的概率和代价都小，性能还很高。克服互连线延迟增加的最好办法就是把一个大厂房分成很多个小厂房，事情都在一个小厂房里解决，这样运输的距离就变短了。换句话说，使用较小的核组成一个多核的芯片，而不是以往的单核芯片。

单核芯片的另一个危机是设计复杂度造成的。随着晶体管数量的增加，芯片的设计空间、设计复杂度和验证难度都大幅度增加。英特尔六核的 iCore7 上集成了超过十亿个晶体管，其设计难度之大可想而知。如果采用多个重复设计处理器核，那么设计的复杂度就会大大降低，从而使设计成本降低，出错的机会也减小了。

基于上面的认识，CPU 的设计者开始考虑多核。最早的双核处理器是 IBM PowerPC。英特尔不甘落后，2005 年，英特尔首个内含双核的 Pentium D 处理器正式登场，揭开了 x86 处理器多核心时代。

各个厂家争相提高 CPU 的核数，从而掀起一场"核"战争。这场战争持续进行，从双核打到多核，从电脑打到手机，开始时战场的主角是英特尔和美国超威半导体公司，而后来，战场上显露身手的已另有其人了。

以电脑芯片起家的英特尔堪称芯片巨人。但是，巨人也有危急时分。时移世易，瞬息万变的电子市场容不得任何人吃老本。随着移动互联网的发展，长江后浪推前浪。2012 年 11 月，在移动通信领域占据绝对优势地位的高通在市值上首次超过了英特尔，并在接下来的几年里保持了这一地位。这被认为是英特尔历史上的一大污点。此前，从 1992 年开始，英特尔的"最大芯片制造商"头衔保持了 20 年之久。

英特尔不得不试图摆脱其老态龙钟的形象。为了快速追赶已占据先机的对手，英特尔已不能只专注于电脑芯片了，英特尔开始向移动市场和物联网、可穿戴设备等新兴市场发力，并希望其过去在电脑芯片领域形成的强大战力能助其转型成功。

虽然英特尔试图摆脱单纯"芯片厂商"的形象，但是它并不想轻易放弃芯片这个立命之本。只不过此芯片不是彼芯片。英特尔的新战略侧重于打造新型集成系统芯片。在英特尔的 SoFIA 系统芯片上，图形、内存、无线等大量模块都整合在了一起。英特尔正契合了其名字 Intel（integrated electronics，集成电子）的初衷，即成为一家集成电子设备领域的公司。

然而，我们知道人工智能是要仿人脑的，制造能够仿人脑工作的器件一直是人类的梦想。传统的 CPU 虽然逻辑、控制功能强大，但计算本领有限。2012 年英特尔宣布研发神经形态处理器（neuromorphic processor unit，NPU）。NPU 采用神经网络等算法，在图像处理、超算方面取得长足进步。从 CPU 到 NPU，英特尔再次向人们展示了什么是技术创新的永无止境。

"算法即芯片"吗？

2019 年 5 月 15 日，微信公众号"罗超频道"发表了《"算法即芯片"有点扯，互联网公司为何热衷造概念？》的文章，针对的是 2019 年 5 月 13 日半导体投资联盟官方账号上发表的另一篇文章，即《算法即芯片、发布即商用，一个有别于传统印象的依图科技发了一颗云端 AI 芯》，后者介绍了某 AI 企业从算法到芯片垂直整合的改革。

一时间，网上掀起"算法即芯片"是否成立的争论。

扣除互联网公司热衷制造概念和热点的因素，不管这些文章争论的算法和芯片的含义如何，算法与芯片的关系确实密不可分。算法总是要在硬件上运行的，而这些硬件的核心就是芯片。所以，芯片是算法实现的平台。

举例来说，杨氏干涉实验，这个实验的目的是什么？怎么做这个实验？我们必须有个想法、设计个方案（这就是算法）。然后搭一个光路，就是建立一套实验装置，包括光源、双缝、屏幕等（这就是芯片）。

所以，算法是解决问题的方法和流程，也就是一段逻辑。芯片是承载算法的物理介质，是逻辑电路。因此，算法是逻辑概念，而芯片是算法的一种表现形式而已。

其实，芯片有两种，即通用芯片和专用芯片。

专用芯片的做法是：先有算法，再有芯片。例如，人工智能的很多数学模型都需要大量的数据运算，如递归、循环、卷积等，这些算法在不同类型的芯片上运行速度有天壤之别。因此，有很多公司开始或者已经开发专门用于人工智能的芯片，国外如英伟达、谷歌，国内如寒武纪等。前面"算法即芯片"所指即此。

通用芯片的做法是：先有芯片，再有算法。例如，英特尔的CPU。同一个芯片，可以有不同用途、不同算法。相当于建设好了一个演武场，十八般兵器应有尽有。你可以打一套拳，也可以舞一段枪；你可以用短兵器，也可以用长兵器。当然，适合短兵器的场合一般比较窄小，长兵器施展不开。所以，如果一个芯片的长处在逻辑思维方面，可能图像处理就是其短板。同一个芯片，可以有不同用途、不同算法。因此，"芯片即算法"就不准确了。

在医院，有全科医生和专科医生。专科医生就好比专用芯片，全科医生就好比通用芯片。比喻可能不恰当，只为说明用途不同而已。

第三章　人工智能与认知科学

认知科学是不是在炒概念？

名人谈人工智能

饶毅　首都医科大学校长

2015 年 1 月未来论坛创立大会在北京举行。此届大会的主题是"指数 —— 通向明天的技术力量"（Exponential——The Power of Technology for a New Tomorrow）。在这次大会上饶毅教授做了主旨演讲。他认为：

从生物学角度，现在所谓的人工智能是比较伟大的伪智能；（现在我们所说的人工智能和人类智能产生的源头不同。人类只需要摸过一块石头，就会知道石头是什么，而不需要像机器学习一样研究一百万块石头、经过上百万次的训练。人的大脑也没有上千层神经网络，但人类的学习能力很强，这就意味着，现在的人工智能也许并不是真正的人工智能。）

脑研究目前为止对于计算机、对于人工伪智能的帮助不大。

霍金　著名物理学家、畅销书《时间简史》的作者

2014 年 12 月霍金在接受英国广播公司的采访时说：人工智能会导致人类灭亡。（人工智能威胁论始终伴随着人工智能的发展过程。）

马斯克　美国特斯拉电动汽车公司、太空探索技术公司（SpaceX）首席执行官

2014 年 10 月 BI 中文站报道，埃隆·马斯克（Elon Musk）称：人工智能是人类生存最大威胁。

任正非　华为技术有限公司创始人兼首席执行官

2019 年 1 月 17 日，任正非在华为深圳总部接受媒体采访时说：人工智能有可能是泡沫，但别害怕这个泡沫破灭。

吴恩达　百度前首席科学家

2015 年 1 月吴恩达（Andrew Ng）在硅谷的百度"The BIG TALK"活动上

发表演讲，称人们沟通已经从文字转向图像和语音。

李飞飞　美国斯坦福大学计算机科学系终身教授、美国国家工程院院士

"未来论坛"2017年年会的圆桌对话上，这位人工智能学界的泰斗发表了关于人工智能的看法：人工智能的发展，需要借助脑科学的发展，也要借助认知学的发展。认知学与脑科学不是一回事。

李凯　普林斯顿大学 Paul & Marcia Wythes 讲席教授、美国国家工程院院士、未来论坛科学委员会委员

"未来论坛"2017年年会的圆桌对话上，李凯是圆桌对话四位嘉宾之一。他称：

人工智能发展，人的智能也在发展；

深度学习，实际上是把我们对人脑神经网络非常简单的理解变成算法。但是，这些人脑神经网络的知识都是三四十年以前的知识。

王野　九号有限公司联合创始人

2017年11月25日王野在《未来简说》节目中发表演讲：

机器人在目前也只是一个智能工具而已，它在我们所现有的技术和理论体系之下，不可能成为我们的神。

AlphaGo这样的弱人工智能只能下围棋，无法下象棋。如果让他学象棋，也行，也能战胜世界冠军。但是，这时他就不会下围棋了。

人一脚就可以把一个机器人踹倒，但机器人在人面前是重症肌无力患者；人眼50米内看清物体没有问题，但机器人可能10米内还行，再远就分辨不清了；人的耳朵分辨两个男声没什么困难，但是机器人可能只能分别男声和女声；生物有很强的修复能力，但是机器人的电缆断了一根，恐怕他一辈子也修复不了。

李开复　创新工场董事长兼首席执行官

2016年11月30日虎嗅网发表《李开复：最懂人工智能的公司绝对是谷歌》的文章中介绍了李开复对人工智能的看法：

人工智能是在模仿人脑，人工智能将要超越人脑，人工智能的奇点即将来临，人类最终会被机器统治，这些说法都是很玄很远而且也不太靠谱的说法；

人工智能跟人脑的关系不大；

世界上最懂人工智能的绝对是谷歌这个公司。

朱松纯　清华大学通用人工智能研究院院长

2017年11月2日在"视觉求索"微信公众号上发表文章《浅谈人工智能：现状、任务、构架与统一》。

什么是认知科学?

2017 年 1 月 14 日,"未来论坛"2017 年年会的圆桌对话上,李飞飞说:人类的认知学,是人工智能下一步发展的突破口。

那么,什么是认知学呢? 李飞飞说的认知学,即认知科学(cognitive science)。认知科学、脑科学、神经科学、认知神经科学、认知心理学等,它们之间的关系是怎样呢?

认知科学是研究人类感知、学习、记忆、思维、意识等人脑心智活动过程的科学。简而言之,认知科学就是探索人类心灵奥秘的科学(explore the mind)。认知科学是由计算机科学(主要是人工智能)、心理学(主要是认知心理学)、语言学(主要是心理语言学)、神经科学(主要是认知神经科学)、人类学和哲学所组成的交叉科学。在众多认知科学的学科中,认知心理学、人工智能和认知神经科学普遍被视为认知科学的三大核心学科。

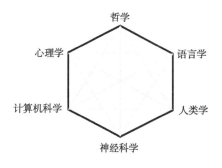

认知科学

认知科学应该与脑科学的关系最密切。中国科学院生物物理研究所成立了"脑与认知科学研究中心",北京大学与北京师范大学、浙江大学、东南大学等组建了"脑科学与认知科学网上合作研究中心",说明脑科学与认知科学是同等地位的学科关系。

经典的认知科学一般用行为实验的方法进行研究,而脑科学会直接测量脑信号。若把脑比作一台计算机,认知科学实验仅能观测到计算机的输入输出,通过输入输出来反推中间过程。脑科学则可以把计算机在一定程度上拆开,测量它的部件的电流。但现在认知科学很多也采用脑电波、磁共振的观测方法,与脑科学有很大的交叉(认知神经科学)。

在高校里，认知科学的课程主要在心理学系以及脑科学系开设。认知科学综合性非常强，比人工智能还要广很多，三大主流实验方法是认知行为实验、认知大脑扫描和认知建模。不过很多研究认知科学的人其实只是认知心理学家，对计算机模拟及脑科学研究不太了解。国外高校偶有把认知、语言、脑科学与计算机科学合并在一个院系，国内似乎还没有这样开设院系。

脑科学也称神经科学。有人认为，从狭义上讲，脑科学才能称为神经科学。广义上讲，脑科学可能包含更多。也有人认为，严格来说，脑科学是不存在的，或者说，脑科学这个名词是存在的，但没有脑科学这个学科。脑科学类似于神经科学的俗称。现在有很多脑科学的研究中心，之所以这么叫，是为了方便公众的理解，其实都是神经科学研究中心。

神经科学可划分为两个大类，即分子神经科学和认知神经科学。

分子神经科学传统上就代表了神经科学，到目前为止也是神经科学中研究最多的一部分。分子神经科学的研究更看重微观层面，常研究的问题包括蛋白质的功能、突触的变化、神经信号传导等，对于这类问题，其研究思维和研究方法，与传统的生命科学更为接近，因此，也叫神经生物学。这类研究非常重要，对一些神经性疾病（如渐冻人症）有很突出的贡献。但是，目前这个领域的研究和人工智能几乎没有什么关系，或者说距离较远。

真正与人工智能有关的是认知神经科学。在机器学习算法中，确实反映了一些认知神经科学的知识，如深度学习里面的卷积神经网络，其中卷积这一步就完全模拟的是人类视皮层的加工方式。但是，这些知识并不是新的知识，或者这个领域的进展和新发现，而是三四十年前的神经科学知识。可以说，目前机器学习算法中应用到的神经科学知识，可能还不到整个神经科学知识的1%。所以我们只能说人工智能与这个领域有关，说息息相关就有些夸张了。机器学习近年来取得了长足的发展，但不是因为我们对神经科学的了解多了，而主要是因为数据量的增多和目前运算速度的加快。

神经科学与心理学是什么关系呢？这是两门关系并列的学科。神经科学家关心神经活动，心理学家关心行为表现。

心理学有很多分支，其中认知心理学和人工智能的关系可能最大。

心理学实际上是人工智能的基础之一。心理学对人工智能有重要的影响；反之，人工智能对心理学的发展有促进作用。

人工智能有三个代表性的学派：符号主义（symbolicism）、行为主义（actionism）和连接主义（connectionism）。实际上符号主义和行为主义与心理学关联甚密，分别对应逻辑推理心智研究与行为主义心理学。行为主义侧重从试验来验证理论猜想，而符号主义则侧重于建立完整的公理系统。连接主义的代表是以神经网络模型为代表的神经计算，这可认为与心理学关系最小。因此，心理学及其衍生的心智哲学等学科理论可认为是人工智能的基础支撑理论之一。例如，目前人工智能领域的很多强化学习理论都直接来源于心理学。

尽管人工智能的风头很盛，但它目前还只是计算机科学下面的一个分支。国内外很多专家都呼吁把人工智能从计算机科学中独立出来，但我们必须意识到，人工智能实际上强调的是一种对人类智能行为的模拟，通过现有的硬件和软件技术来模拟人类的智能行为，这包括机器学习、形象思维、语言理解、记忆、推理、常识推理、非单调推理等一系列智能行为。目前，人工智能概念本身也有泛化的趋势，即大自然所体现出来的智能性，如蚂蚁算法、SWARM 算法等都是受到大自然智能现象的启发，有些学者也将这一类归为 AI 领域。因此，人工智能发展的是一种技术和工具，从中产生的一些成果其实是可以应用到心理学之中的。例如，一些仿真算法和理论的建立，可以为心理学提供试验环境和分析工具。

人们常常有一种误解，即心理学是一门定性的科学，而非像物理学那样的定量科学。实则不然，现代心理学已经大大加强了其定量研究的分量。心理学研究的是人脑的表现，也就是神经网络的应用层反应。目前的研究已大面积向脑神经方向延伸，很多心理学实验都借助磁共振成像或者其他脑神经研究技术获取物理层面的数据。心理学发展一定会让我们对大脑的认识越来越深入，而当前最火的神经网络就是在模拟人脑最基础的功能，这些功能会极大促进神经网络的发展，从而有望诞生更高级的人工智能。

认知科学曾经是非常热门的学科。认知科学领域一个著名的学术组织是认知科学学会（The Cognitive Science Society）。

认知科学学会汇集了来自世界各地的研究人员，他们的共同目标是：了解人类思想的本质。该学会的使命是促进认知科学这一学科的发展，并促进研究人员在各个研究领域的科学交流，包括人工智能、语言学、人类学、心理学、神经科学、哲学和教育。该学会于 1979 年在马萨诸塞州成立，是一个非营利性专业组织，其活动包括赞助年度会议并出版《认知科学》（Cognitive Science）和认知科学学会会刊《认知科学论题》（Topics in Cognitive Science）（即 TopiCS 杂志）。

第一次认知科学会议于 1979 年 8 月在加利福尼亚州的拉霍拉举行，此后每年举行一次。1990 年起，该学会在一个匿名捐助者的帮助下，设立了大卫·马尔奖（the David Marr Prize），以表彰每次年会上的最佳学生论文。大卫·马尔是计算机视觉之父、计算机视觉的先驱、计算神经科学的创始人。计算机视觉国际大会（ICCV）也评选最佳论文奖，该奖也称作马尔奖。不同的是，认知科学学会的大卫·马尔奖只授予第一作者是学生的论文。

《认知科学》杂志于1976年开始出版，现在由 Wiley-Blackwell 出版社出版。*TopiCS* 杂志于2006年创刊。

认知科学学会的会标与众不同之处是，认知科学的六大领域变成七个，这就是强调了教育学在认知科学中的作用。

认知科学学会会标

中国工程院院士、中国国家教育咨询委员会委员、中国认知科学学会顾问、国际 *Molecular Biology and Evolution* 杂志编委韦钰教授认为，教育学过去主要是经验教育，"我们的教育长期以来就像从事医疗的医生，在实践中积累了许多智慧和经验，但这些仅是来自个人的智慧，而不是基于现代实证科学的研究"。所以要积极推动以脑科学为基础的实证教育研究。

韦钰把教育学发展大致分成四个阶段：第一阶段是与哲学的交叉；第二阶段是与心理科学的交叉；第三阶段是与认知科学的交叉；第四阶段是与神经科学的交叉。韦钰表示，教育学与这四个学科的交叉先后出现，相互渗透，是一个连续和重心逐步转移的发展过程。

为什么说"认知科学死了"？

认知科学，根据中国认知科学学会官网上的介绍，"是研究人类的认知和智力的本质和规律的科学，其研究范围包括知觉、注意、记忆、动作、语言、推理、抉择、思考、意识乃至情感动机在内的各个层次和方面的人类的认知和智力活动。认知科学的一个重要特点是空前的高度跨学科，是在心理科学、计算机科学和信息科学、神经科学和脑科学、科学语言学、比较人类学和进化相关科学、其他多个基础科学和数学、科学哲学乃至其他多门社会科学的交界面上涌现出来的新兴科学"。

想当初，认知科学和纳米技术、生物技术、信息技术并称为 21 世纪四大科学技术，吸引了全球无数人的眼球。然而，这门科学从诞生起就争议不断。

争议之一，有人说，并没有所谓的认知科学，认知科学虽然想将哲学、心理学、语言学、人类学、计算机科学和神经科学六大学科整合在一起，但是整合的结果并没有产生新的东西，哲学、心理学、语言学、人类学、计算机科学和神经科学仍在独立发展，将一些独立发展的学科成果汇集在一起并没有新的意义。

争议之二，目前虽然产生了认知科学学会，创办了《认知科学》这样的学术刊物，每年都有一些自称认知科学的学者汇聚一堂，认认真真地交流着自己的研究成果，但是仔细分析可以发现，那些成果多数是心理学的范畴。因此，认知科学的产生有将心理学科学化的嫌疑。

心理学不是科学吗？首先我们看什么是科学。

科学是正确反映客观事实的本质和规律的系统化、理论化的知识体系，以及一系列相关的认识和研究活动。

卡尔·萨根说，科学不仅仅是一个知识体系，它还是一种思维方式。

1888 年，达尔文曾给科学下过一个定义："科学就是整理事实，从中发现规律，做出结论。"达尔文的定义指出了科学的内涵，即事实与规律。科学要发现人所未知的事实，并以此为依据，实事求是，而不是脱离现实的纯思维的空想。科学是建立在实践基础上，经过实践检验和严密逻辑论证的，关于客观世界各种事物的本质及运动规律的知识体系。

以上关于科学的定义不能回答为什么科学没有在近代中国产生，即所谓的"李约瑟问题"。

李约瑟（Joseph Needham，1900—1995）是英国著名的中国科技史专家。"李约瑟问题"也称"李约瑟难题"：尽管中国古代对人类科技发展做出了很多重要贡献，但为什么科学和工业革命没有在近代的中国发生。

相比之下，古希腊哲学史家约翰·伯内特（John Burnet）的定义就明确多了。他说，科学就是"以古希腊方式来思考世界"，"在那些受古希腊影响的民族之外，科学就从来没有存在过"。

上面这句话有几个意思：

什么是科学；

科学起源于古希腊；

那些没有受到古希腊影响的地方不可能产生科学。

那么，心理学是上述意义上的科学吗？简单地说，心理学的研究内容有两个：心理过程和心理内容。心理过程指心理活动的过程，包括我们的认知、思维、记忆、情绪变化及注意等心理活动的过程。我们的心理过程是如何运作的，机制是什么，涉及的大脑神经基础是什么？这些都可用自然科学的研究方法，也就是实证量化的方法来研究。那么，它是符合狭义的自然科学的概念的。而心理内容，是指人的意识（包括弗洛伊德的潜意识和前意识）、梦等心理的内容。可简单理解为人心里所想到的一切，包括过去的、现在的和未来的，也有存在的和不存在的。以现在心理学的研究方法和技术其实很难研究心理内容，看不见摸不着，如何研究是个很大的问题。心理内容主要是质性研究，像精神分析学派和人本主义学派都是这方面的代表。这是心理学人文和社会的取向，不能说是狭义的科学。

20世纪50年代以后的心理学家们为了追求心理学的科学化，研究方法慢慢偏向心理学的量化研究，研究心理过程。所以当下心理学的主流是认知心理学、神经心理学，以及它们的交叉认知神经科学。因为这些都是研究心理过程，以现在的研究方法和技术可以进行研究。

科学、艺术、宗教的目的都是要解决"我是谁？我从哪里来？到哪里去？"的问题，虽然目的相同，但是方法迥异。某个研究是否科学，实际上主要还是看它的方法是否科学。艺术、宗教肯定不是上面狭义的科学。至于心理学，仁者见仁智者见智。

有争议才有意思，有争议才有生命力。认知科学一直争议不断说明它还活着。

人工智能的三个分支

牛津词典里对认知（cognition）的解释是"the process by which knowledge and understanding is developed in the mind"。翻译成汉语就是"知识、（对其他事情的）理解在一个人的头脑中形成、发展的过程"。

所以认知是脑科学，或者更准确点，是神经科学的事情。人工智能的主要问题就是不清楚脑是如何运作的，也就是说不清楚如何认知。所以认知与人工智能的关系非同小可。

纵观人工智能的历史，简单地讲就是六个字：如何理解认知。

历史上，人工智能的主要学派有下列三家：符号主义，又称逻辑主义、心理学派或计算机学派（computerism）；连接主义，又称仿生学派或生理学派；行为主义，又称硬件进化主义或控制论学派。

符号主义认为：认知即计算。

人类的认知过程，就是各种符号进行运算的过程。因此，认知即计算。或者说，计算必须基于某种符号系统进行。例如，语言就是一个符号系统。计算机的语言，不管是最早的 Basic，还是现在的 Python，都是符号系统。因此，计算机也应该是基于各种符号进行运算的。

符号主义的创始人西蒙（Simon）认为，人的思维过程和计算机运行过程存在着一致性，都是对符号的系列加工。因此，可用计算机来模拟人脑的工作。他甚至大胆地预言，人脑能做的事，计算机同样也可以完成。

符号主义的一个代表就是定理机器证明。在这方面，我国的吴文俊院士做出了重要贡献。

人脑的思维过程是逻辑思维过程，所以符号主义又称逻辑主义。

知识也可用符号表示。因此，知识表示、知识推理和知识运用是人工智能的核心。

简单地讲，符号主义主张通过计算机程序模拟智能。目前的实践证明，程序和算法产生的东西，与自然演化出来的生物智能根本是两回事。

连接主义认为，认知即网络。

人类的认知通过神经网络实现。1943 年生理学家麦卡洛克（McCulloch）和数理逻辑学家皮茨（Pitts）创立的脑模型，即 MP 模型，开创了用电子装置模仿人脑结构和功能的新途径。它从神经元开始，进而研究神经网络模型和脑模型，开辟了人工智能的又一发展道路。因此，这条道路又称仿生学派。

虽然人类现在对自己的神经系统仍然知之不多，但有一点是明确的：神经网络关键是节点的连接。学习的过程就是某些连接不断增强，某些连接不断减弱的过程。输入的问题，经由神经网络中大量连接增强或者减弱的处理（并行），可比较快地得到一个近似解。

由于反复强调连接，这一分支的人工智能就称为连接主义。模拟人脑中神经网络的网络又称人工神经网络。

目前，这一分支的最大成果就是发展了深度学习算法。

简单地讲，连接主义主张通过模拟人类的神经网络产生智能。但是前提是对人的神经系统的运作机制有所了解。而从目前的状况来看，想弄清楚人脑细节层级的运作机理，再过几百年或许可能，这也或许是人类认知能力极限以外的事。

行为主义认为，认知即反应。因此，行为主义主张应重点模拟人在控制过程中的行为。这一思想最早见于控制论。控制论思想早在 20 世纪 40—50 年代就成为时代思潮的重要部分，维纳和麦卡洛克等提出的控制论和自组织系统，以及钱学森等提出的工程控制论和生物控制论对早期的人工智能工作者产生了巨大影响。因此，这一学派也称控制论学派。

行为主义研究的最大成果是昆虫机器人和类人机器人。例如，波士顿动力机器人、波士顿大狗、迷你猎豹机器人等。

行为主义主张通过模拟人类或动物的行为产生智能。行为主义不关心生物智能的机制。这种知其然不知其所以然的做法更不被看好。行为主义又称为硬件进化主义，期望通过硬件的进化产生智能。但硬件只不过是程序运行的载体，所以行为主义本质上与符号主义是一脉相承的。

目前，人们已经不关心人工智能研究属于什么学派，而更关心人工智能的"落地"，即我们能用人工智能做些什么。目前，人工智能有很多火热的领域，如自动驾驶、人脸识别等。假如你非要问一下它们的门派、传承，那么，肯定也是有明确答案的。例如，自动驾驶明显属于自动控制的范畴，所以应该是行为主义；人脸识别技术大量运用深度学习方法，所以算是连接主义。

第四章　人工智能的困难何在

硅基生命最终会受限于硅的性质。

计算机能否超越人的智能？

　　人类发明机器是想获得其帮助，如在危险的环境、在人体力不支的领域，机器不可或缺。计算机，主要以速度和准确性见长，这方面的能力超过了人脑，所以可以代替人脑进行一些超复杂的计算。但人脑还具备自主思维等智能的特征，让任何机器望尘莫及。

　　那么，计算机能否代替人脑实现智能呢？英国计算机科学家图灵给出了肯定的回答。这就是说，计算机是可以拥有智能的。如何知道计算机是否具有智能呢？1950 年，图灵提出了著名的"图灵测试"。图灵测试的方法是：将测试者与被测试者（一个人和一台机器）隔开，测试者通过一些装置（如键盘）向被测试者随意提问。进行多次测试后，如果有超过 30% 的测试者不能确定出被测试者是人还是机器，那么这台机器就通过了测试，并被认为具有人类智能。

图灵

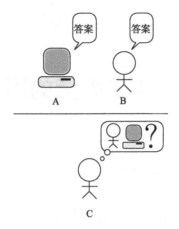

图灵测试示意图

既然计算机能实现类似人的智能，那么，计算机能否超越人的智能呢？关于这个问题，有两种看法。

第一种看法，计算机无法超越人脑，因为人类对人脑的机制尚不了解。而想了解人脑的机制尚无希望，爱因斯坦曾经将其比喻为"与上帝的对话"。

可以从物理上证明上面结论吗？答曰：可以。

目前，对人工智能无法超越人类的结论有两个物理证明。

第一个，是利用哥德尔不完全性定理。

1931 年哥德尔（Gödel）提出了哥德尔不完全性定理。哥德尔不完全性定理：第一，任意一个包含一阶谓词逻辑与初等数论的形式系统，都存在一个命题，它在这个系统中既不能被证明也不能被否定。第二，如果系统 S 含有初等数论，当 S 无矛盾时，它的无矛盾性不可能在系统 S 内证明。

这个定理很有名，但也很难懂。简单地说，哥德尔证明，我们以图灵机的方式是制造不出超过人类的计算机的。或者说，哥德尔不完全性定理从数学逻辑的基础上否定了计算机会超过人类。

苏轼的诗《题西林壁》云：

横看成岭侧成峰，远近高低各不同。

不识庐山真面目，只缘身在此山中。

苏轼描写的这个境界与哥德尔说的有点像。爱因斯坦说："我们不能用制造问题的同样思维来解决问题。"说的也是这个道理。

第二个，是利用钱德拉塞卡极限证明。

钱德拉塞卡极限是什么呢？ 1938 年，钱德拉塞卡（Chandrasekhar）提出：

当一个恒星的质量超过钱德拉塞卡极限时，这个恒星则会自动坍缩成一个黑洞。人类的神经网络系统非常复杂。建立一个人工神经网络去模拟它，需要的电流、功耗是异常大的。换句话说，如果做一台计算机，模拟一个人的大脑行为，当这个计算机还没做出来，其本身的质量已经将其压成一个黑洞了。

第二种看法，计算机可以超越人脑，但须另辟蹊径。

例如，人类飞行梦想的实现过程就是这样。

人类最早产生飞的冲动，可能是出于对鸟的艳羡。没错，自然界只有鸟才能飞行。而这一目标的实现经历了长期的进化过程。将人的骨骼和肌肉与鸟进行对比，人们非常失望，因为人的骨骼和肌肉不利于飞行，而鸟恰恰相反。例如，人的骨骼粗壮，使其体重过大，重力远远大于空气的浮力，无法轻松升空，而鸟的骨骼纤细中空，使其体重较轻，便于飞行。除此之外，人的眼睛都在前面，视角小；而鸟的眼睛长在两侧，视角大，有利于在空中大范围观察，从而快速寻找落脚地点。凡此种种，不胜枚举。这些都是长期的进化结果。

经比较可知，鸟的形状是地球上唯一适合飞行的生物形态。而人要想象鸟一样飞行，必须改变骨骼和肌肉的结构。这几乎是不可能的，所以必须另辟蹊径。

事实上，只要掌握了飞行原理和流体动力学的知识，人无须把自己的骨骼和肌肉的结构改变成鸟那样，也同样能够上天。这说明，模仿鸟的飞行很难，但比鸟飞得快并不难。

同样，模仿人的智能很难，超越人的智能可能并不难。只要实现超越即可，"电脑"没必要和人脑一样。

看来，要实现真正的人工智能，首先要解放思想、转变观念。机器需要的智能和人需要的智能不一定相同，或者说 AI 要实现的智能不一定非得同人类智能一样。如此说来，AI 的设计可彻底不管人脑的工作过程；AI 感知世界的方式和人感知世界可以完全是两回事。

但问题是，我们是想让机器帮我们思考的。思考这件事，除了模仿人的大脑，另外的路在哪里呢？换句话说，机器自己的思考方式又是怎样呢？深度学习之所以成功，也是多多少少借鉴了神经科学感知的过程。如果没有别的办法，则一切都是空谈，我们又回到了原点而已。

硅基生命的困难

人类的创造生命之路走的是模仿人类自身的道路。在这条路上，目前人类遇到了两个主要的困难。第一，是如何让机器获得自主意识。首先，机器的行为无一不是在执行人类的程序。那么，意识行为可以编程实现吗？回答是否定的，至少目前看来是这样。

注意，我们所谓的人造生命，是具有人一样智慧的狭义生命，而不是广义的具有一定的自我生长、繁衍、进化、互动等生命特征的东西。实际上，人类目前已经具备创造一些具有生命特征的人造生物的本领，比如人造细菌、人造酵母等早已问世。

目前，由于人的意识产生机制尚没有线索，人造生命是不可能的。也就是说，我们没有办法像通常那样，按算法实现任何人脑芯片。

加利福尼亚州理工学院的物理学家费曼有句名言："我无法建造的东西，我也不能理解。"这句话倒过来说其实也对，"我无法理解的东西，我也不能建造"。

虽然我们无法编程实现意识，但并不是说机器没有其他办法获得意识。如果具有自主学习能力的人工智能系统，具有记忆，能够规避风险，并且能自主修改算法或程序的话，人工智能获得像人的意识那样的东西是可能的，虽然这一天还很遥远。注意，这里的前提是让人工智能系统自主修改算法或程序，但这意味着人工智能系统可能会失控。所以，没有人会轻易踏出这一步。

机器有没有可能失控？有，如计算机病毒就曾让很多人为之色变。计算机病毒（computer virus），就是一段小程序（一组计算机指令或者程序代码），它会附着在或嵌入进操作系统或控制程序，并通过复制、修改等手段夺取对计算机的控制权，造成计算机失控。这个过程与前面所讲的具有记忆、能够规避风险，并且自主修改算法或程序非常类似，非常智能。

从历史上看，自从有了互联网，就有了网络攻击。最早的蠕虫病毒，当时感染了 6000 台计算机，而这一数字占了当时世界上计算机总数的 1/10。2017 年，一种名为"想哭"（Wannacry）的勒索病毒席卷全球，据不完全统计，病毒发作后仅仅两天就有 20 多万台电脑中毒，涉及 150 多个国家。计算机病毒攻击不仅显现出多样化特点，恶意软件也不断升级，带来经济损失。

所以，虽然目前人工智能的应用取得了长足的进步，但是安全性仍是人工智能应用的最大挑战。自动驾驶汽车失控了怎么办？这是许多人自然而然都会关心的问题。

应对计算机病毒怎么办？除了杀毒之外，我们还可以对计算机初始化，这样病毒新生的一切都被消灭，当然终极手段是切断电源。

这个终极手段反映出硅基生命的最大的困难：能量自给。所以有人说，什么时候机器会威胁到人类呢？那就是它懂得如何保证它的电源不被切断的时候。

除了意识之外，硅基生命面临的另一个困难是能源问题。虽然，芯片或者人工智能系统已经拥有了强大的计算能力，但是它们完全依靠电力或电能。这一点与人类相距甚远。作为碳基生命代表的人类可以通过食物获得生物能量，但是以芯片为核心的硅基生命的动力只能靠充电获得。

日本福岛核事故发生后，日本本来希望机器人进入灾难现场拍摄反应堆内部的照片，提供核辐射水平等信息，以帮助专家对泄漏事件做出正确回应，并制定相应的救援措施。但他们发现机器人进入现场后很快陷入困境。美国也派了机器人过去，同样出了很多问题。例如，一个简单的技术问题，机器人进到灾难现场，背后拖一根长长的电缆，要供电和传数据，结果电缆就被缠住了，动弹不得。这说明什么？以现在的技术，要让一个机器人长时间像人一样处理问题，可能要自带两个微型的核电站：一个发电驱动机械和计算设备，另一个发电驱动冷却系统。这显然不太现实，所以人们还是寄希望于电池。尽管我们有水力发电、火力发电、核能发电、太阳能发电等诸多产生电力的方式，但自由移动的硅基生命个体只能依靠电池，而目前电池的现状远远不能令人满意。这一点只要想一想电动汽车的处境就不难明白。

首先，太阳能电池效率低而又要求经常暴露在阳光下，使得它在像人一样自由自在的硅基生命个体上的应用受到限制。至于其他电池，不难想象，灵活的硅基生命个体的电池必须足够小但又要电量大且充电方式灵活。从这一点看，纳米电池可能是一个有希望的方向。

经典科幻大片《黑客帝国》中，人类被当作生物电池为机器充电。听上去很吓人，但扣除恐怖成分后仔细思考，人类确实每天产生很多能量，如人在走路、呼吸时会产生能量，但是这些能量都浪费掉了。有没有可能将这些能量收集起来为我所用呢？

所谓发电就是产生电能，这个电能需要由别种形式的能量转化而来。所以发电是需要能量的，任何一个装置要想工作也需要能量。

怎样产生能量呢？方法很多，如利用摩擦生电现象。

人行走时肌肉会伸缩，人呼吸、心跳或是血液流动时会带来体内某处压力的细微变化，这些变化实际上都是人体自身产生能量的表现。关键是能否将这种人体自身产生的能量转化为纳米器件所需要的电能呢？此外，我们生活的环境中到处弥漫着能量，我们能不能对它们加以吸收利用呢？比如，我们能否收集周围环境中微小的振动机械能并将它转变为电能，来为其他纳米器件，如传感器、探测器等提供能量？这种振动机械能普遍存在于自然界以及人们日常生活中，比如空气或水的流动、引擎的转动、空调或其他机器的运转等引起的各种频率的噪声等。如果有一种微型的装置将生物体内的生物能量转化为电能输送给纳米器件，同步实现器件和电源的小型化，是最为理想的事。

产生能量的方法有了，下一步是如何实现，即制作器件。显然，这个器件应该是纳米器件。或者换句话说，这个发电机应该是纳米发电机。

纳米器件具有尺寸微小、功耗小、反应灵敏等宏观器件所不具有的独特优势，所以一直是纳米学术界最前沿、最活跃的研究领域。但如果真正让这些微小器件工作起来，必须要给它们输入电能，而只有实现了自带电源的纳米器件才可被视为真正的纳米系统。又因为纳米系统具有微小而且可植入体内等特性，所以它的供电系统必须是小型化的。但是，目前的研究只是集中于纳米器件的本身，而没有考虑为这些纳米器件输入电源的问题。

要研制纳米发电机，首先要解决材料问题。目前，科学家最青睐的材料是压电材料。这种材料能在机械压力下产生电压。不管是特意制造的声波还是无意间产生的噪声，都会对接触材料产生机械压力。只是这种压力太小，普通传感器探测起来都比较困难，更别说将其转化成电能了。因此，这种压电材料必须高度敏感，一般认为，像氧化锌纳米线这样的新材料可能满足要求。当然，一切还只是概念上的东西，其实际应用还需要时日。但纳米发电机的发明开启了纳米科学和技术的新篇章，为自发电的纳米器件奠定了理论基础。我们相信，有朝一日，利用摩擦生电现象来给个人电子产品充电的梦想一定会成真。

碳材料为硅器时代解围？

硅基生命的探索进行了数十年，失望与希望交替出现。那么问题是否出在材料上面呢？

2004 年海姆（Geim）和诺沃肖洛夫（Novoselov）从石墨薄片中成功剥离出石墨烯。他们的成果获得了 2010 年的诺贝尔物理学奖。一时间，石墨烯成为明星材料。那么石墨烯真的能为硅器时代解围吗？

"19 世纪是铁器的时代，20 世纪是硅器的时代，21 世纪是碳器的时代。"对这样的说法你可能并不陌生。曾几何时，碳 60、碳纳米管、石墨烯，这些新型碳材料的发现和发明不断吸引着人们的眼球并引发一波又一波的研究热潮。一时间，硅的接班人似乎已经选定，碳器时代仿佛即将来临。

然而，研究表明，至少在目前，这些材料的表现不尽如人意。浪潮过后，碳器时代最后证明不过是"叹气"时代。当然，除了叹气，还引发人们对于纳米科技的疑惑。

　　碳60、碳纳米管、石墨烯这些材料都是纳米研究中的明星材料。纳米材料的最大特点就是尺寸小。尺寸小会带来一个很明显的问题，即结构的不确定性。以碳纳米管为例，其管径、层数和螺旋度易因合成条件的变化而变化，其性质也会随之发生改变，因而很难控制其性质。常言道"真金不怕火炼"。金的熔点大约是1100多摄氏度。但是，一旦尺寸变小（进入纳米），其熔点大幅度减小。纳米戒指在火中或更低温度中就会熔化，所谓"真金也怕火炼"。

　　由于尺寸小，纳米科学研究实际上是很困难的。例如，纳米颗粒的金非常活泼，可做催化剂，但这同时意味着它不稳定，而且把纳米颗粒的尺寸稍微改变一下，其性质就会发生很大变化，这意味着仪器的灵敏度要非常高。当超导薄膜厚度为几纳米时，厚度每改变一个原子单层，它的超导转变温度就会发生变化；碳纳米管卷的方式（螺旋度）不一样，它就有可能从金属变成绝缘体，所以这就造成了认识它们的技术困难。

　　碳纳米管是1991年日本物理学教授饭岛澄男（Sumilo lijima）"发现"的。但这个发现至今没能获得诺贝尔奖。碳60、碳纳米管、石墨烯这些明星纳米材料中碳60和石墨烯都已获得诺贝尔奖，只有碳纳米管不受青睐。很多人探讨过其中缘由。一种说法是，虽然饭岛澄男被称作是碳纳米管的发现者，但碳纳米管在其被"发现"之前就已被观察到过。饭岛澄男的论文只是重新激活了人们对碳纳米管的兴趣而已。另一种说法是，碳纳米管的应用远没能达到人们的预期。

　　曾经有人通过手工的方式用碳纳米管与各种材料混搭，实现二极管或晶体管的功能。但是科学家感叹，再也找不到硅这样的半导体了，因为想用碳纳米管替代硅制造集成电路几乎是不可能的。碳纳米管迄今尚未找到有重大意义的应用，所以碳纳米管至今未能获得诺贝尔奖也是可以理解的了。

　　虽然没有获得诺贝尔奖，但饭岛澄男却获得了第一届卡弗里纳米科学奖（2008年），说明人们对他的贡献还是认可的。

　　石墨烯又称单层石墨。2013年年初，欧盟委员会将石墨烯列为仅有的两个"未来新兴技术旗舰项目"之一，计划提供10亿欧元用于资助石墨烯材料研究。而半导体行业两大"宿敌"三星和苹果也把战场从智能手机领域引向石墨烯，在关于石墨烯的专利申请争夺中，前仆后继。

　　自海姆和诺沃肖洛夫发表其研究成果以来，相关领域的研究成果呈指数增长。这种现象很合乎情理：石墨烯是迄今为止制作的最轻的材料，它的强度是钢的100倍，比铜的导电性、柔韧性更好，而且很大程度上是透明的。研究人员设想了未来以石墨烯为基础建造的各种产品，如从下一代计算机芯片和柔性

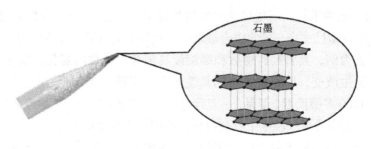

单层石墨即石墨烯

显示器到蓄电池和燃料电池。石墨烯被认为将在半导体、光伏、储能、航天等领域带来一次材料技术革命，市场潜在规模在万亿元以上。华为创始人任正非一句"石墨烯将颠覆硅时代"为持续热炒的石墨烯概念投机者又平添了一把火。

然而，研究表明，尽管石墨烯有着许多令人眼花缭乱的优点，但它也有缺点，如它不是半导体，而半导体才是微电子的基石。因此，石墨烯可能不会通过其自身作为一种理想材料来实现未来的巨大影响，而是通过它衍生的产物。换句话说，石墨烯打开了科学家的视野，使他们把目光聚焦于平面电子的新世界。现在化学家和材料学家正在努力越过石墨烯，寻找其他的材料。他们设计了单层硅（硅烯）、单层锗（锗烯）、单层锡（锡烯）；他们创造了用氮化硼制作的绝缘体，该材料有着像石墨烯一样的鸡笼式晶格结构；他们制作了可用于控制特定化学反应的高效催化剂单层金属氧化物；他们甚至还在二维薄片中圈入水分子，尽管这样做有何用途目前仍不清楚。但就目前来看，大多数围绕平面材料的研究工作聚焦于两种材料：一种是称为二硫化钼（MoS_2）的化合物，另一种是名为二维黑磷单晶（或称黑磷）的单层磷原子。两种材料都有着吸引人的电子特性，而它们的研究者之间的竞争也极为激烈。

从应用的角度讲，石墨烯有点令人失望。实际上，石墨烯获得诺贝尔奖的主要原因是物理方面的，石墨烯作为纯二维的材料的制成，突破了朗道（Landau，1908—1968）等物理大师关于纯二维相不能独立存在的预言。尽管如此，很多科学家还是很看好石墨烯的，毕竟这种材料有一些特别之处。

"硅基大脑梦"的实现须突破"冯·诺依曼瓶颈"？

人类梦想之一是发明人脑那样的机器或器件：电脑。由于这个器件是基于硅材料完成的，所以也称"硅基大脑"。现在人们把计算机称为电脑。实际上计算机还远远达不到"电脑"的水平。

大脑有而计算机没有的五个特性：

第一，智能性。人工智能没有智能，或者说人工智能还在产生智能的路上。计算机只能执行预先编制的程序。在执行能力上，或者在算力上，计算机优势明显。例如，生成工资单或为登月舱计算抵达月球上某个特定地点所要采用的路线。但是，计算机却不能从不熟悉的景象、声音、气味和事件中领悟到意义，以及迅速理解它们之间的关联，但是人脑可以。人脑不用事先编程，遇事往往"机智过人"。

第二，节能性。人脑的能耗仅约 20W，典型的低功耗器件。而目前用来尝试模拟人脑的超级计算机需要消耗数兆瓦的能量。人思考的时候不会引起发热，而计算机的高功耗导致散热困难，芯片烧毁的风险无时不在。这是人脑和电子器件的最大区别。其实，电子技术的历史就是降低功耗的历史。当年电子数字积分计算机用了 18 000 多个电子管，一旦开动，半个城市必须停电。耗电之大，今天无法想象。其后晶体管替代电子管使得器件的体积大大减小，功耗也大大降低了。但功耗仍是制约后摩尔时代集成电路发展的主要瓶颈。手机也是如此。考虑电池供电有限的问题，我们不得不牺牲手机的一些功能。否则，再强大的手机的工作时间也不会超过几分钟。

第三，容错性。集成电路的集成度一般由其上的晶体管数量决定。现代电子仪器上的集成电路，如计算机的 CPU，其上的晶体管数量都是以亿计的。任何一个晶体管损坏都可能毁掉一块集成电路。但是，大脑的神经元每时每刻都在死亡，人的智力并未受到任何影响。

第四，学习性。人脑的一个重要特征是会"学习"。计算机是"死"的，你输入什么指令它就处理什么指令，但人脑是"活"的，它会根据实际情况自行判断和处理一切事宜，不需要事先为其编制程序。人脑在与外界互动的同时也会进行学习和改变，而不是遵循预设算法的固定路径和分支运行。虽然现在很多深度学习的芯片也具有学习功能，但这种学习都是遵循事先编制好的算法，与人脑的学习不可同日而语。没有机器能够匹敌人脑从经验中学习以及根据记忆预测未来的能力。

第五，独立性。计算机技术发展到今天，当然已经令人瞠目。但是，与人类的大脑相比，似乎仍然是美中不足。它们属于完全不同的运作方式。人类大脑最重要的功能是记忆和思维，对应于计算机的最重要部分：数据存储和逻辑运算。但人脑结构和电脑结构有明显的不同。人脑结构中，逻辑运算和存储器在同一芯片，而电脑结构则不然，不管是哈佛结构（Harvard architecture）还是冯·诺依曼体系结构（von Neumann architecture，也称普林斯顿结构 Princeton architecture），其数据存储和逻辑运算都是分开的。其中，哈佛结构中数据存储和指令存储是分开的，而冯·诺依曼体系结构中数据存储和指令存储不分开。

人脑结构中，逻辑运算和存储器芯片合二而一具有无与伦比的优点。现代计算机都是建立在冯·诺依曼程序存储的思想之上的。计算机要做什么，是事先写在程序里的。而程序或者指令需要到内存中去取。这个过程造成了所谓的"冯·诺依曼瓶颈"或者"内存墙"问题。因为这样的话，计算机的速度不仅取决于 CPU，还决定于内存。从计算机诞生起，人们就不断要求它的计算能力提升，随着芯片集成性越来越高，CPU 与内存之间的性能差距越来越大。基于冯·诺依曼体系结构的计算机结构呈现的缺点也愈加明显，这就是"冯·诺依曼瓶颈"，意思是说 CPU 必须反复与内存交换信息，既浪费能量又影响速度，因为内存是需要反应时间的，CPU 再快，也要等内存。相比之下，人脑却没有此类问题出现，更加独立和高效。

过去，计算机处理的数据虽然很大，但远远说不上"海量"，所以计算与存储的矛盾并不十分显著。进入物联网时代以后，真正海量数据的处理突出了这个矛盾。解决方法可能还要回归人脑的工作原理。其中，计算与存储芯片合二而一是不二之选。目前，"计算存储"（computational storage）概念正在兴起。所谓计算存储，就是要把原本属于 CPU 的计算任务下放到存储器端，让存储器也具有计算能力，这样可以减少数据流动，节省时间和功耗。

当然，更根本的措施是制造计算、存储一体的仿人脑工作的器件。

长期以来，人类一直致力于研究仿人脑运作的记忆单元、芯片。2013 年前后，一个叫忆阻器的概念风靡全国。那么，忆阻器是否为仿人脑运作的器件？

很多人知道电阻器（抵抗电流）、电容器（存储电荷）和电感器（抵抗电流的变化），但很少有人知道忆阻器、忆容器和忆感器。忆阻器的英文名 memristors 是 memory 和 resistor 两个单词的缩写，意思是可记忆电阻器，它是一个有记忆功能的非线性电阻器，具有其他三种元件（电阻器、电容器和电感器）的任意组合都不能复制的特性（即不能用传统的 RLC 网络单独实现），号称第四类可记忆二端元件。一个电流控制的忆阻器，由于它的电阻值会随外加电流而变化，因而能记录流经的电流总数、有效的储存信息，即使电力中断。也就是说，忆阻器能够通过其电阻反映它的历史，它可以不需要电源而存储信息，使低功耗的处理和存储成为可能。

1971 年，蔡少棠发表了《忆阻器：下落不明的电路元件》，从数学理论上预测了忆阻器的存在，提供了忆阻器原始理论架构。2008 年，借助于纳米技术中的突破性成果，惠普公司实验室研究人员证明了忆阻器的确存在，制备了50nm×50nm 忆阻器开关，它由两纳米线之间一片双层的二氧化钛薄膜所形成，其运作方式是透过耦合该种材料中的原子运动与电子运动，来改变薄膜的原子结构。通过精巧地操纵二氧化钛层中氧原子的分布，Yang 博士可以控制该器件的运行，并以论文《寻获下落不明的忆阻器》呼应前人的主张。这样的发展被看成将忆阻器技术大众化的重要一步。

忆阻器只是一个具有记忆功能的电阻，离逻辑思维尚远。不能算作仿人脑的器件。忆阻器的特性与一种与其全然无关的电路相似：神经元突触（synapse）。神经元之间不是单线相连，而是多线连接成错综复杂的网络。每一个神经元总是和多个神经元相连，将电信号从它的一端传到另一端。突触是神经元之间在功能上发生联系的部位，也是信息传递的关键部位。通过这些突触的信号越多，两个神经元之间的联系就越强大。如同反复记忆这一行为，便是增加神经元中的突触，以形成联系更为紧密的神经元。

这一特性照亮了使用忆阻器制造神经突触芯片的前景，通常情况下脑电路控制逻辑神经元，忆阻器则控制它们之间的连接。

在大多数人对如何构造忆阻器尚一无所知时，用忆阻器构建的神经网络芯片已经诞生了。2015 年，纽约州立大学石溪分校和加利福尼亚大学圣巴巴拉分校的研究人员在《自然》上发表了一篇论文，介绍了他们用忆阻器构建的神经网络芯片，训练神经网络去识别字母 V，N，Z。研究人员创造的神经网络由 12 个 ×12 个的忆阻器网格构成，容量有限，如果设计成更大，那么将可能影响未来的计算。

神经网络并不是一个新的想法。关于神经网络的研究可追溯到 1940 年关于计算机芯片技术的研究。

如今，许多专注于图像识别功能的互联网巨头都加入了神经网络软件的竞争中，像 Google 公司和 Facebook 公司都在相关的创业公司投入了很多物力财力。然而，这些芯片应用于昂贵的超级计算机，因而它们的潜力总是很有限。神经网络芯片应用于神经网络软件，与其他芯片的不同之处在于，神经网络芯片使用自主的系统结构，这成为神经网络吸引人的关键因素之一。

2013 年高通推出称之为"第零"（Zeroth）的神经形态处理器（NPU），标志着人类在类脑芯片领域取得新的进步。神经形态处理器概念的提出标志人们即将从 CPU 时代迈入 NPU 时代。

2008 年，美国国防部高级研究计划局投入重金，授权 IBM 和 HRL 实验室实施 SyNAPSE 计划。2014 年 IBM 交卷了。IBM 推出了新神经形态处理器真北

（TrueNorth），有 100 万个神经元和 2.56 亿个编程突触，这是世界上功能最强大并且最复杂的芯片之一，有自己的自定义编程语言。

20 世纪末自旋电子学领域的一项重大发现，是极化电流导致的自旋转移矩（spin transfer torque，STT）效应。利用 STT 可实现电流诱导的磁化反转。除了翻转和进动，自旋极化电流还能使磁化强度发生持续的振荡甚至混沌行为。这种能利用自旋转移矩产生磁化强度振荡的装置，称为自旋矩纳米振子（spin-transfer torque oscillator，STO）。

在许多被充分研究的由外力驱动的非线性振子中，只有一小部分能有技术上的应用。自旋矩纳米振子具有吉赫兹范围可调的频率，非常适于在磁存储器件和无线电通信中应用。目前，STT 振子的主要缺点有两个：一是其输出功率过低，二是需要在较大磁场下才能工作。这两个缺点限制了其商业应用。克服第一个缺点，可采取集成输出的方法，即让若干个振子同步工作，这样总输出功率为各个振子输出功率之和。

自旋转移矩的另一个应用是制造自旋转移矩磁随机存取存储器（spin-transfer torque-magnetic random access memory，STT-MRAM）。

传统计算机计算仰赖两种内存：一是随机存取存储内存，接上电源就能快速运作，但电源一关就无法保存数据；二是永久性内存（如 U 盘、硬盘或光盘），没有电源时仍能储存数据，但运作速度远比随机存取存储内存慢。

STT-MRAM 是另一种选项，由于它并非以电荷而是以磁的自旋状态来储存数据（如平行与反平行态），所以运作快速又能在无电源下持续储存信息。不仅如此，根据法国科学家的研究，利用自旋转移矩来操作的随机存取存储磁内存可作为记忆磁阻组件，制作一个具有"学习"能力的类突触（synaptic-like）接面。这种接面在集成电路与次世代计算机中可作为仿人脑运作的记忆单元。

神经元模型是神经科学中著名的非线性模型。神经元模型中最著名的当数四维的霍奇金－赫胥黎（Hodgkin-Huxley，HH）模型以及它的简化形式，二维的菲茨休－南云（FitzHugh-Nagumo，FHN）模型和莫里斯－莱卡尔（Morris-Lecar，ML）模型。FHN 模型能近似地描述神经和心肌纤维电脉冲的许多特性，如激发域值的存在、相对和绝对恢复周期以及在外电流作用下脉冲链的产生等。ML 模型由凯茜·莫里斯（Cathy Morris）和哈罗德·莱卡尔（Harold Lecar）于 1981年提出。作为一个二维系统，它是计算神经科学中常用的模型之一。

关于这些神经元模型的研究已有很多，如关于它们的非线性特征，如稳定性、混沌和分岔等，以及关于模型中放电节律、螺旋波的控制、噪声影响等。

这些神经元模型的特征：全是非线性振子，具有滞后非线性。STO 也是非线性振子，具有滞后非线性。因此，利用 STO 模拟神经元一点也不奇怪。

目前，基于神经网络的神经形态芯片（neuromorphic chips）研制得到很大发展，其方向之一是神经突触芯片（neurosynaptic chips），在此基础上形成了一门新的学科——突触电子学。

人工智能的发展最终受限于半导体的物理极限

众所周知的一点是，人工智能今天的发展得益于半导体器件算力的提高。但是，进入后摩尔时期，半导体遭遇发展瓶颈，半导体的算力也不会提高很大。那么，人工智能的发展会停滞下来吗？

所谓算力，就是计算力，就是一段程序执行速度的快慢。算力除了需要考虑半导体处理信息的速度之外，还必须考虑计算基础设施是否先进和完备。这个基础设施指的就是计算系统和构架（如分布式系统等）。

机器学习的算法是一个经过大量繁复训练后去"推断"出各种结论的方法。没有强大计算力和出色的计算基础设施，这种机器学习的算法根本不可能发挥作用。而决定计算力最根本的因素就是半导体本身的性能。例如，从材料角度，既然人工智能的目的是创造硅基智能生命，那么这个生命的智能程度很大程度上取决于硅本身的特性。另外，不管是 CPU、GPU 还是 NPU，它们说到底还是硅基的芯片，所以受到硅性质物理极限的限制。

事实上，当初高登·摩尔提出摩尔定律的本意是说计算力会随着半导体密度增加而增长。然而，单单依赖半导体密度提高计算力的摩尔时代早已成为历

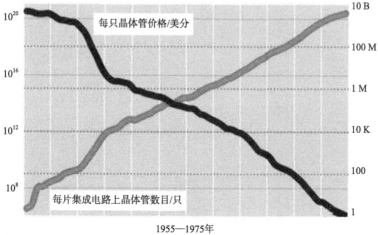

1955—1975年
摩尔定律

史。当今，进入所谓的后摩尔时代，半导体的计算力更多是通过更高频的时钟、更多的核数、更大的高速缓存、更优秀的规划算法来提高的。由于半导体器件的工作主要依赖的是原子间电子的移动，因此半导体工艺的精度一定会被原子直径所限制，大量电子移动所产生的巨大功耗也终将成为压垮整个芯片的最后一根稻草。

实际上，半导体成就了今天的硅器时代，让人们对硅基生命报有无限幻想。但是，半导体天生的缺陷一直存在，这些缺陷注定了人工智能发展先决条件不足的宿命。例如，人的大脑是一件完美到不可思议的器件，集记忆（存储器）和思维（运算器）为一体。这种结构使它具有无与伦比的优点。

相反，现代计算机走的却是逻辑运算和存储各自分开的道路。其中一个重要的原因是，制造计算机的逻辑运算部分（CPU）和记忆部分（硬盘）的材料是截然不同的，前者是半导体材料，而后者是磁性材料。在闪存时代到来之前，计算和存储一直各走各的阳关道。现在到了闪存时代，借助浮栅场效应管，计算机的逻辑运算和存储器件都用上了半导体材料。但是，计算机的逻辑运算器件和存储器依旧是分离的，即分别制造而成。这种分离结构使我们不得不频繁地从内存读取数据到运算器，然后才能完成计算和操作。这是一件耗时的事情，极大地影响了计算机的速度。另外，电子在逻辑单元和存储之间的往复运动都需要做功、发热，这使得计算机的功耗不可避免地增加。

长期以来，人类一直致力于仿人脑运作的记忆单元、芯片。但是，半导体材料无法满足人们的愿望，因为利用半导体材料无法制作既能逻辑运算又有记忆功能的器件。一个适合做逻辑器件的材料不能同时又是记忆材料。想一想当年的计算机，为什么总是单独做一个磁性材料的硬盘就可以理解这一点了。

第五章　不幸的和幸运的是我们不懂脑的机制

不幸的和幸运的是我们不懂人类意识如何起源。
强人工智能的突破与脑科学的发展息息相关。

人工智能与脑科学

2006 年 4 月，复旦大学成立脑科学研究院；2013 年 11 月 26 日，清华大学成立脑科学研究院；2018 年 9 月 26 日，南京大学成立脑科学研究院；等等。当国内一些高校还在为筹备成立人工智能学院忙得不亦乐乎的时候，复旦大学、清华大学这些国家顶尖研究机构已经走得更远。它们释放的信息也是非常明确的：人工智能目前的发展已经遇到瓶颈，人工智能下一步的努力方向只能是与脑科学结合，进而发现新的模型和方法。

大脑，可以说是人类身上最奇妙的器官。对大脑的研究最上心的单位本应该是医院或者医学研究机构。但有趣的是，目前大脑的研究最热闹的场所却是在人工智能学院。可以说，关于大脑的了解、大脑研究的进步，似乎并不是随着医学发展的轨道前进，而是跟着智能科技的发展前行的。

生物脑在本质上是有独特之处，还是只是一个机器？把生物脑看成机器要追溯到哲学家笛卡儿的年代。如果我们的大脑是生物学意义的机器，那就简单了，因为机器不过是机器，它们存在于现实世界里，就要遵循基本的物理法则。

相当长的一段时间内，人类是把人脑当成机器来理解的。"人是机器"，第一个提出这一口号的可能是法国哲学家拉·梅特里（La Mettrie），后来控制论和计算机科学的发展使"人是机器"的论断获得了理论的支持和实践的体现。图灵提出的"图灵机"假设和著名的"图灵测试"，将人的思维、认知、学习等意识活动都纳入了机器概念的范围。但是，把人脑当成机器理解这条路已经走了太久，证明不是太成功。

如果认为生物脑在本质上是有独特之处的，那么彻底了解人脑的原理就是难以解决的科技难题。

如前所述，我们硅基生命的创造采取的是模拟人类智能的办法。于是，当人工智能的突破无望之时，人们自然而然地转向人脑的研究。目前，随着深度神经网络的应用越来越广泛，人类遭遇的困难和挫折也越来越严重。显然，人脑运作的特殊性总是出人意料。深度神经网络对人脑运作方式的模拟越来越力不从心。例如，同样是辨识动物，深度神经网络需要在黑箱中投入大量长颈鹿的图片，才能让 AI 辨识出"长颈鹿本鹿"。但对于人类儿童来说，通常见过一次长颈鹿图片，就能识别出长颈鹿的骨架。以前，我们说强人工智能在某些常识方面不如一只老鼠，这话是否过头不知道，反正目前再强的强人工智能不如一个儿童，是真的。

人类的许多未解之谜，诸如记忆、意识的起源、情感的起源等，都与人类的大脑运作方式有关。而不了解这些，依靠模拟人类智能发展的人工智能便无法进步。

脑机制及其模拟

深度学习，恐怕是当今人工智能领域最火的概念之一。

深度学习，即深度神经网络，是人工智能领域的重要分支。

如前所述，人工智能最大的困难在于我们对人脑知之甚少。脑到底是怎么工作的？脑的结构是怎样的？

由于条件所限，早期的科学家无法看到脑的细微结构，只能猜想，形成了神经科学最早的两个派别。一派是以意大利帕维亚大学的卡米洛·高尔基（Camillo Golgi）为代表，他们提出了神经网状理论，认为神经元突起彼此相通，构成一张大网；另一派是以西班牙马德里大学的圣地亚哥·拉蒙·卡哈尔（Santiago Ramón y Cajal）为代表，他们提出了神经元学说，认为这些突起并不相通，每一个神经元是一个独立的单元。

这两个理论各有千秋，都有大量粉丝，都产生了一定的影响。于是，1906年高尔基和卡哈尔共同获得了诺贝尔生理学或医学奖，也是第一个神经科学方向的诺贝尔奖项。

但不可能两个理论都是正确的吧？他们两个都坚信自己是正确的，并为此争论不休，甚至把争论带到了诺贝尔奖颁奖典礼上。

哪个学派的说法是正确的呢？后来的电镜实验证明卡哈尔是正确的。

脑科学领域其他诺贝尔奖如下：

英国科学家埃德加·阿德里安（Edgar Adrian）因发现神经元的功能、英国科学家查尔斯·谢灵顿（Charles Sherrington）因发现中枢神经反射活动的规律而共同获得 1932 年诺贝尔生理学或医学奖。

英国科学家亨利·戴尔（Henry Dale）、德国科学家奥托·勒维（Otto Loewi）因发现神经脉冲的化学传递而共同获 1936 年诺贝尔生理学或医学奖。

美国科学家约瑟夫·厄兰格（Joseph Erlanger）、赫伯特·加塞（Herbert Gasser）因发现单一神经纤维的高度机能分化，而共同获 1944 年诺贝尔生理学或医学奖。

美国科学家盖欧尔格·冯·贝凯希（Georg von Békésy）因发现耳蜗感音的物理机制获 1961 年诺贝尔生理学或医学奖。

澳大利亚科学家约翰·埃克尔斯（John Eccles）、英国科学家艾伦·霍奇金（Alan Hodgkin）、安德鲁·赫胥黎（Andrew Huxley）因发现神经脉冲、神经纤维传递机制而共同获得 1963 年诺贝尔生理学或医学奖。

美国科学家霍尔登·哈特兰（Haldan Hartline）因发现视觉和视网膜的生理功能、美国科学家乔治·沃尔德（George Wald）因发现视觉的心理特别是视色素、瑞典科学家朗纳·格拉尼特（Ragnar Granit）因发现视网膜的抑制过程而共同获得 1967 年诺贝尔生理学或医学奖。

美国科学家朱利叶斯·阿克塞尔罗德（Julius Axelrod）、英国科学家伯纳德·卡茨（Bernard Katz）、瑞典科学家乌尔夫·冯·奥伊勒（Ulf von Euler）因发现神经传递的化学基础而共同获得 1970 年诺贝尔生理学或医学奖。

美国科学家罗杰·斯佩里（Roger Sperry）因发现大脑半球的功能与瑞典科学家托尔斯滕·维厄瑟尔（Torsten Wiesel）、美国科学家大卫·休伯尔（David Hubel）因发现大脑视神经皮层的功能结构而共同获得 1981 年诺贝尔生理学或医学奖。

2000 年瑞典科学家阿尔维德·卡尔松（Arvid Carlsson）、美国科学家保罗·格林加德（Paul Greengard）、美国科学家埃里克·坎德尔（Eric Kandel）因在人类脑神经细胞间信号的相互传递方面获得的重要发现，而共同获得诺贝尔生理学或医学奖。

2003 年美国科学家保罗·劳特布尔（Paul Lauterbur）、英国科学家彼得·曼斯菲尔德（Peter Mansfield）因在核磁共振成像技术领域的突破性成就，而共同获得诺贝尔生理学或医学奖。

除了上面纯粹的神经科学研究外，人们还开展了神经系统的数学模拟。20世纪40年代，人工神经网络模型问世。20世纪60年代深度神经网络的概念被提出。

20世纪80年代末，深度神经网络有了第一个实际应用：识别手写数字的LeNet。这个系统广泛地应用在支票的数字识别上。

自2010年之后，基于深度神经网络的应用爆炸式增长。现在深度学习已经成为人工智能领域最火最时髦的概念之一。

但是，应该指出的是，深度学习在某些地方确实是受到了神经系统的启发，如多层结构和卷积过程。但现在只能说是受启发，而不能说是模仿。深度神经网络或者深度学习实际上并不是在模仿大脑。就是说，人工神经网络模型和人的大脑神经网络是两回事。我们不能证明这个深度神经网络模型确实与人类大脑的机制相关，也不能证明它们之间的不相关。原因很简单，人类对大脑神经系统的了解还不够多，还远远不能让人类找到一个足以产生智能的机制，并以此为基础形成模型或者算法。

人类未解之谜之意识起源

为什么科学发展这么久了我们仍然不懂人类意识的起源？回答是：这个问题太难了。2019年6月30日中国科协年会发布了20个前沿科学问题和工程技术难题：

暗物质是种能探测到的基本粒子吗

对激光核聚变新途径的探索

单原子催化剂的催化反应机理

高能量密度动力电池材料电化学

情绪意识的产生根源

细胞器之间的相互作用

单细胞多组学技术

废弃物资源生态安全利用技术集成

全智能化植物工厂关键技术难题

近地小天体调查及防御与开发问题

大地震机制及其物理预测方法

原创药物靶标发现的新途径与新方法

中医药临床疗效评价创新方法与技术

人工智能系统的智能生成机理

氢燃料电池动力系统

可再生合成燃料

绿色超声速民机设计技术

重复使用航天运输系统设计与评估技术

千米级深竖井全断面掘进技术

海洋天然气水合物和油气一体化勘探开发机理和关键工程技术

我们看到"情绪意识的产生根源"赫然列在第五位。

在刚刚过去的一个多世纪里，物理学取得了辉煌的成就，物理学的应用几乎无处不在：金融物理、经济物理、社会物理等。但当物理学遭遇生命现象时，立马显得苍白无力。同牛顿力学的研究对象汽车相比，人会思维，人有意识，而对思维和意识的理解恰是物理学的短板。人们甚至怀疑，意识问题是否可通过通常意义上的科学解决。

意识问题如此之难，但意识问题又非常之关键。例如，人工智能的最大问题是我们不懂人类的意识是什么和怎么起源的。这件事是不幸的但又是幸运的，因为在这两个问题得到确切的回答之前，我们不必担心机器人会取代人类。

那么，究竟什么是意识呢？

亚里士多德（Aristoteles，公元前384—前322）是古希腊著名哲学家和科学家。他在物理学上提出了宇宙除了是由土、水、气、火四种元素组成的以外，还有以太。直到现在，我们还用着"以太"这样的一个词。他认为，世界上没有空虚。他在动物学上的造诣也是颇深的，他对动物的观察和思考是非常全面的。他对营养的认识也是颇有先见的。

他还提出了三个灵魂的概念：植物有营养的灵魂主要用于生长和繁殖；动物有敏感的灵魂用于运动和感觉；人类有理性的灵魂。理性的灵魂就在心脏当中。我们现在说某个人有没有心，基本上就是亚里士多德的这个意思。

从科学的角度，人们更加关心的词是意识。但需要承认的是，亚里士多德的灵魂和近代科学的意识很像，至少他们描写的对象很像。意识是怎么产生的，来自何方，去向何处，现在还没人知晓。所以，灵魂有无也尚无定论。

从亚里士多德时代起，人类关于自己意识起源的探索一刻也没有停息。1976年出版的《二分心智的崩塌：人类意识的起源》（*The Origin of Consciousness in the Breakdown of the Bicameral Mind*）一书可能是这方面研究的一部重要著作。它的作者是朱利安·杰恩斯（Julian Jaynes）。

乍看上去，这本书过于专业，也过于深奥，所以并不像是一本畅销书。然而，令人意想不到的是，这本书竟然深受读者欢迎。各种书评不断涌现于各类科学杂志和心理学期刊，以及像《时代》、《纽约时报》和《洛杉矶时报》这样的读者众多的媒体。1978 年，该书获得美国国家图书奖的提名。不断重印发行中，杰恩斯也在各地进行巡回演讲。1997 年，杰恩斯死于中风，而他的书流传于世。2000 年，该书新版上市，销售至今。

《二分心智的崩塌：人类意识的起源》这本书讨论了"意识起源与宗教崩塌""意识的作用"的问题。在书的开头，杰恩斯提问道："意识是自我本身，无所不包，但又什么都不是。——它到底是什么？它来自哪里？它的意义何在？"杰恩斯试图从历史的视角来回答这个问题。他认为，人类直到大约 3000 年前才具有完全的自我意识，在此之前，人类只有二分心智（bicameral mind），每当需要行动选择时，一个半脑会听见来自另一个半脑的指引。随着人类社会日趋复杂，这种二分心智也最终坍塌，人类现代自我意识被唤醒，最终具有了内在叙事（internal narrative）的能力。杰恩斯认为，这种变化源于"语言"。考虑黑猩猩等灵长类动物被证实有一定的自我意识但并不是通过人类熟知的语言交流的，所以这里应将"语言"理解为成熟的信息交流方式。根据杰恩斯的理论，我们可以得到以下推论：意识成为可能之前，必须有交流方式存在；当交流方式成熟，来自另一半脑的指引弱化，二分心智体系崩塌，自主意识诞生，"指引"弱化成了潜意识，但仍根深蒂固地存在着。

那么，二分心智是如何崩塌的呢？在二分心智的状态下，人们是无意识的，或者说意识不到自身思维活动。当我们拥有了记忆并开始倾听、开始反思大脑中那个神秘的声音的时候，二分心智就崩塌了，意识就出现了。

在科学史上，克里克（Crick）是一位举足轻重的人物。他是 DNA 双螺旋结构提出者之一（合作者沃森），也是 1962 年诺贝尔奖生理学或医学奖获得者之一。1994 年，克里克在《惊人的假设》一书中提出了意识起源问题并给出以下观点：第一，意识是脑神经活动的产物；第二，人的精神活动完全是由神经细胞、胶质细胞的行为以及构成它们的原子、离子和分子的性质所决定；第三，不仅意识，而且"自由意志"也来自神经元的活动。

克里克正面肯定了几十年前英国物理学家爱丁顿提出的使普通原子的集合体成为一个思维着的机器的思想。他明确指出意识是由大脑中的神经细胞等的行为所决定。他还进一步指出，机器可以具有意识，甚至具有"自由意志"。

克里克的观点为探讨意识之源问题指明了方向。只要搞清大脑产生意识的机制，意识的神秘性会消失，模拟意识就成为可能，机器就可能具有意识或自由意志。但是，仅从原子、离子，直到神经细胞，也不能说清意识是如何产生的。如果没有信息交换、处理的概念，没有复杂系统的概念，仍无法回答意识产生的机理问题。

20 个世纪末期，计算机得到蓬勃的发展，这激发起人们让人工智能产生意识的想象。但是彭罗斯（Penrose）在他的著作《皇帝的新脑》中及时给人们泼了一盆冷水。他的主要观点是，算法不能唤起意识，也就是人工智能不能产生意识。

彭罗斯指出人工智能专家常常避开意识去分析智能和思维，图灵的论文即如此。他认为智慧问题属于意识问题，如果没有意识伴随，就不会有真正的智慧。他不相信算法可以唤起意识。人脑的有意识行为常常是依算法执行，而无意识的行为是以一种算法无法描述的方式展开的。因此，电脑不能正确地模拟智慧。

作为一个理论学家，2020 年诺贝尔物理学奖获得者，彭罗斯可以与霍金、爱因斯坦等相提并论。他为物理学、数学和几何学中做了许多极为重要的贡献。除此之外，他还是一个脑科学的研究者，提出了一个引人深思的理论：意识产生于量子过程。

朱清时，著名物理学家，中国科学院院士，中国科学技术大学前校长、南方科技大学前校长。曾获海外华人物理学会亚洲成就奖和汤普逊纪念奖。他认为意识是一种量子物理现象。

解决生命现象的问题要依靠量子力学吗？关于这一点，可以上溯到 1944 年。那一年著名物理学家、量子力学创始人之一、诺贝尔奖获得者薛定谔发表了《生命是什么》一书。这本书后来被称作科学元典著作之一。这本书的问世也标志着量子生物学、量子生命研究的开始。

2016 年出版的英国科学家吉姆·艾尔—哈利利、约翰乔·麦克法登合著的《神秘的量子生命》（ *Life on the Edge* ）对量子生命的研究做了一定程度的总结。《神秘的量子生命》主要观点包括：生物学，其实只是一种应用化学，而化学又是一种应用物理学。如果挖掘得足够深入，一切事物都是量子的。量子世界有很多奇异的性质，这些奇特的性质在生命现象中都会出现。生命是一台复杂的分子机器。酶是生命的引擎。所谓的生命力，不过是一种"催化反应"。人脑是一台量子计算机。

意识的量子力学途径能否走通？人们正拭目以待。

人类未解之谜之脑功能开发

我们常说，人类对自己大脑知之甚少。虽然少，但不是零。我们知道什么呢？例如，人出生后，脑细胞的数目是基本固定的，每年我们的脑细胞都会以一定的速率死亡，也会以一定的速率再生，但是，人到老年，脑细胞的死亡速率会大于再生速率。这也就是为什么年纪越大，越容易得阿尔茨海默病（老年痴呆）的原因。

对大脑，更多的是猜想。例如，有人主张，人的大脑95%未使用。认为大脑那95%未使用的地方，可能储存着前世记忆，可能有无限潜能。做个比喻，人类的大脑好比一台顶配的计算机，一般人只知道用它打字、写点邮件，其实它的功能多着呢。计算机的功能究竟有多少，不好说，取决于你开发出多少。大脑的潜能也无限，取决于你的开发。

但是，那部分潜能如何开发，尚不得而知。中国古代道家修仙，实际上就是为了开发人体潜能。他们用的办法是辟谷、打坐、吃仙丹等。某些天赋异禀的人，可能偶然一个机会，潜能就被开发出来了。例如，周星驰的电影《功夫》里，阿星被打，任督二脉却突然通了。于是，获得了超能力。2014年上映的电影《超体》（Lucy）中，女主人公露西是因为一个药物，潜能从10%开发到100%。金庸的武侠小说里，主人公得到一本秘籍，然后刻苦练功，也能抵达成功的彼岸。

电影《超体》上映后获得了广泛的赞誉。电影中，关于人脑开发的猜想引起人们广泛兴趣。猜想就是猜想，可能正确，也可能不正确。人的大脑95%未使用的说法很有名，曾被称为"人类大脑10%迷思"。注意是"10%"，不是"5%"，当然，这只是个量的意思，没必要纠结。关键是，这个"迷思"是否有解。其实，人类即使在休息、睡觉，大脑许多部位都在活动，观察表明，活动的区域远远超过"10%"。所以，如果此说成立，这个"10%"指的肯定不是区域、空间或者体积。脑的潜能究竟有没有，有的话在哪里，现在都仍然只是"迷思"。

同样是药物引起的脑功能开发，相比《超体》，电影《永无止境》（Limitless，美国，2011年）对大脑能力开发的想象相对客观多了。

《永无止境》里的男主角原本是个穷困潦倒的作家。服用一种聪明药后，他的聪明才智飞跃提升，不但才思敏捷，下笔如有神，而且过目不忘，学习能力极强。在成为成功的作家后，他又从事金融行业，很快发家致富，走上了人生巅峰。

当然，这种聪明药并不存在，只是一个幻想。但是，药物促进大脑能力从而给人带来超能力的想法还是很有市场的。例如，另一部科幻电影《猩球崛起》（*Rise of the Planet of the Apes*，美国，2011年）中，科研人员研制出的药物不但可阶段性地改善人的阿尔茨海默病的状况，也可促进大猩猩大脑的发育，使它们更加聪明，最后走上团结一致，反抗人类压迫、虐待的战斗。

根据现代医学理论，阿尔茨海默病是不可逆的。能够使脑细胞再生或加速发育的药物还只是幻想。

人工智能与科学伦理

为什么我们对生命的了解进程如此缓慢？原因是多方面的，但有一个因素常常被人忽略，这就是，其实人类并不能随心所欲地研究人类自身的奥秘。束缚住人类手脚的东西很多，其一为医学伦理公约。

2018年11月26日，南方科技大学一副教授宣布一对名为露露和娜娜的基因编辑婴儿于11月在中国健康诞生，由于这对双胞胎的一个基因经过修改，她们出生后即能天然抵抗艾滋病病毒。这一消息迅速引起轩然大波，震惊全球。此人也受到国内外的广泛批评。为什么？因为他违背了医学伦理公约。

科学发展了几千年，但是你是否注意到，有些领域一直紧闭其科学研究之门？这是人类不该走入的科学研究禁地。

人类不应该走入的科学研究禁地有哪些呢？

可能影响人脑的脑机接口与脑设备植入；

以人类为受试对象的多种遗传学实验；

以人类为受试对象的胚胎形成、大脑切除、基因剪辑实验；

人兽界限实验：人猿杂交，人与猿互换母体；

等等。

上述禁地之中，至少脑机接口、脑设备植入、大脑切除等实验与人工智能有关。

是谁紧闭了这些领域的科学研究之门？答曰：还是医学伦理公约。

科技伦理是指科技创新活动中人与社会、人与自然和人与人关系的思想与行为准则。它规定了科技工作者及其共同体应恪守的价值观念、社会责任和行为规范。其中，医学伦理公约要更加具体。

1948年针对第二次世界大战战犯的纽伦堡审判结束。随后，纽伦堡法庭颁布了《纽伦堡守则》（The Nuremberg Code）。《纽伦堡守则》被认为是临床研究伦理史上最重要的准则。它基于《希波克拉底誓词》（即医师誓言），为医学伦理列出了十点原则，其中最主要的包括不伤害原则、有利原则、尊重原则、公正原则。简而言之，凡是以人为实验对象的研究必须保证不伤害实验对象，且实验对象对实验完全知情，自愿参加。

1964 年发布了《世界医学大会赫尔辛基宣言》。该宣言制定了涉及人体对象医学研究的道德原则，包括以人作为受试对象的生物医学研究的伦理原则和限制条件。和《纽伦堡守则》一样，它不是《国际法》规定的具有法律约束力的文书，但是很多国家或地区立法和条例是以它为基准的。

例如，中国国家药品监督管理局与国家卫生健康委员会于 2020 年发布《药物临床试验质量管理规范》（GCP），第一章第三条明确规定"药物临床试验应当符合《世界医学大会赫尔辛基宣言》原则及相关伦理要求，受试者的权益和安全是考虑的首要因素，优先于对科学和社会的获益。伦理审查与知情同意是保障受试者权益的重要措施"。

医学伦理问题在电影中常有反映，有的反思历史，有的揭示跨越伦理底线的可怕后果。

电影《埃弗斯小姐的男孩们》（*Miss Evers' Boys*）上映于 1997 年。这是一个根据真实历史事件改编的电影。塔斯基吉（Tuskegee）位于美国亚拉巴马州的梅肯县，从 1932 年起，在美国公共卫生局的组织下，一个由克拉克医生领导的研究小组在这里堂而皇之地进行了臭名昭著的塔斯基吉梅毒试验。他们招募了400 名潜伏期梅毒黑人患者和 200 名无梅毒感染的对照者，以欺骗、小恩小惠等手段引诱他们参加试验。这个试验后来被揭露，成为违背不伤害、知情、自愿等医学伦理原则的典型案例。

电影《吾栖之肤》（*The Skin I live In*）于 2011 年在法国上映。该片讲述了一个叫罗伯特的外科医生利用皮肤移植手术，给强奸犯变性，从而为女儿复仇的惊悚兼科幻的故事。

假使你真有这个本事了，你就可以做这件事吗？假设你真有这个技术了，你就可以利用这个技术去做这件事吗？这部影片揭示的不仅是医学伦理，也是技术伦理。

美国科幻电影《月球》（*Moon*）于 2008 年上映。该片讲述了月球能源公司矿工萨姆·贝尔在月球基地开采能源矿物（氦-3），渴望回家的他遭遇了一起事故，随后又遇见了另一个自己，进而发现了公司不可告人秘密的故事。

这部影片提出的问题是：地球上禁止克隆人，到月球上克隆人是否可以？克隆人的权益谁来保护？克隆人是不是人？

《豪斯医生》（*House M. D.*）第一季第 4 集，两个新生婴儿出现了病情，并被送往急诊室。豪斯团队接手后，在给予万古霉素和氨曲南治疗期间，两个孩子出现了肾功能衰竭。豪斯竟然瞒着家属自行决定一个孩子停用万古霉素，另一个停用氨曲南。这个决定连他的同事都对他提出了质疑。但如果不这样做，两个孩子都可能死。救一个，牺牲一个，豪斯认为别无选择。这样的治疗方法显然违背医学伦理。

目前，医学伦理公约表述还是十分清楚的。其他领域，如人工智能领域，如何应对可能遭遇的各种伦理挑战尚在探讨之中，因而尤为引人注目。

科幻电影中的意识移植盘点

现代科学不承认魂魄之说，而是认为人之所以为人，乃是因为拥有自主意识之故。人类一直试图揭开意识之谜，可惜，经过这么多年的努力，仍无法准确定义意识及其产生原理。

《西部世界》是探讨意识起源问题较有影响的美国科幻电视剧。《西部世界》中，意识起源的理论基础是朱利安·杰恩斯（Julian Jaynes）1976 年出版的《二分心智的崩塌：人类意识的起源》（*The Origin of Consciousness in the Breakdown of the Bicameral Mind*）一书。虽然这个理论未被科学界广泛认可，但是不失为迄今为止意识起源最完整的理论之一。

科幻电影中走得远一点，意识移植、意识控制等概念层出不穷。

科幻电影中的意识移植有三种情况：一是意识转移到机器人，二是转移到网络，三是转移到其他人体。

下面将意识移植电影粗略盘点一下。

《超验骇客》，2014 年美国电影，男主角的意识转移到网络上。

电影原名"Transcendence"是一个又长又冷僻的单词。transcendence 的原意是超越。那么，这部影片究竟想超越什么？

实际上，transcendence 的概念来自电影的监制克里斯托弗·诺兰。transcendence 的另一个含义是宗教方面的"超然性"。transcendence 代表对神的超越，也就是凌驾于造物主之上。电影的男主角生前死后都在为自己的伟大理想而努力奋斗。他的理想是制造一台智能机器，或人工智能体。他要用这台机器征服全世界。所以，他是想制造上帝，或者成为上帝。当他被问到是否要毁灭全世界时，他的回答：不是，我只是超验他们。

　　超验的概念还可从哲学的角度得到解答。康德的超验主义追求人的自由的精神。自由的精神成为美国文化的重要特色之一。了解这一点就可以理解影片中当女主发现自己的一切包括感觉都在机器面前暴露无遗时的那种愤怒。

　　《超验骇客》其实讲的是叶公好龙的故事，而叶公好龙说的其实是人性。

　　叶公好龙的寓言说的是有个叫叶公的人，总向人吹嘘自己如何喜欢龙。然而真龙来到叶公家里，却把叶公吓得面无血色，魂不附体，抱头鼠窜。然后真龙很是失望地走了。叶公好龙的故事其实说的是人性的弱点。我们对待事物的态度很多时候是表里不一的，取或舍全在于是否对自己有利。

　　当人类面临环境、能源、永生等问题时，都会对科技抱以希望。希望科技能解决一切问题。然而，当科技真的发展到了那一天，当科技真的能为我们解决环境污染、长生不老这些问题时，很多人可能会害怕、犹豫、怀疑，甚至抗拒。这就是叶公好龙的故事的重演。而其根本原因则是人性的自私、自大。

　　在《超验骇客》中，当科技真的实现了人类的愿望，当吞云吐雾的工厂和藏污纳垢的河流从我们眼中消失，当神奇的细胞再生技术令枯萎的向日葵重新绽放，让垂死的生命焕发生机时，不但那些虽然口头上以拯救人类为己任，但实际上杀人如麻的恐怖组织无法容忍，就连政府也因担心失去控制而无法接受。

　　《超能查派》，2015 年美国电影，男主角的意识转移给机器人。

　　《源代码》，2011 年美国电影，男主角的意识转移到虚拟世界的人物上。

　　意识转移已经是老生常谈了。因此，这里我们谈论的问题是，电影《源代码》中的 8 分钟，究竟是意识移植还是记忆移植？

　　记忆具有客观性、确定性，可以上传、移植；意识不同，意识具有主观性，我们每个人对外部世界的体验都是不同的，每个人对颜色的感觉、对冷暖的感觉、对疼痛的感觉都是不同的，与我们的情绪，如喜怒哀愁有关。意识具有瞬时性，此时的意识不同于彼时的意识。

　　所以，移植 8 分钟的记忆可以，移植 8 分钟的意识说不通。意识上传，即换魂，只能发生在某一时刻。

　　《源代码》中的程序根据 8 分钟的记忆，"重现"了 8 分钟的过程，但不同的是通过换魂将其中的人换了一个。所以，这种"重现"不是原汁原味的，而是在原来记忆的基础上进行了改造。本来按照记忆进行的过程，由于换魂人的自由意识产生的随机反应（无法预测）而偏离方向。

　　第一次上传时，换魂人并没有 8 分钟记忆，他的反应完全是自由意识的被动反应；第二次换魂人就有了上次 8 分钟的记忆，所以他知道何时查票等；下一次上传他不但知道查票的事情，还知道炸弹的事情等。

前面我们的理解是，一群死了的虚拟人，通过程序运行在虚拟世界活了过来。我们给其中一个虚拟人上传了意识。8 分钟程序结束后，虚拟回归现实，幻象消失。历史不会改变。

但是，电影最后，我们发现他们不是虚拟人，而是真实的人。排除了炸弹后，通过发邮件等方式证实了自己的存在。通过让本体死亡，得以让替身上的植入意识消失，替身恢复自我。爆炸没有发生，男女主人公幸福地生活在一起。历史被改变了。

这种改变只能通过量子力学的平行世界得以实现。爆炸前 8 分钟乃是穿越的节点。我们仍然生活在真实的世界，只不过通过穿越，改变了历史而已。

不过，影片前半段程序运行的虚拟世界与后面穿越的真实世界的转变有些逻辑上的瑕疵。可能是理解上的偏差吧。当然，影片最后展现的男女主人公的幸福生活，仍然可能是虚拟世界的幸福生活。电影的魅力就在于能调动起观众的无限想象。

《阿凡达》，2009 年上映的美国电影，男主角的意识转移到外星人身体里。

《幻体：续命游戏》，2015 年上映的美国电影，男主角的意识移植给别人的身体。

《意识入侵》是 2016 年由郑安坚执导的中国悬疑、惊悚电影。

电影《意识入侵》讲述的故事是，孟逸飞和妻子韩茜都是科学家。5 年前，女儿孟薇因为意外事故濒临死亡，传统医疗手段无法救治，父亲孟逸飞不得不运用自己并不完善的意识入侵疗法治疗女儿。孟逸飞和妻子韩茜一起入侵女儿的意识，结果失败。而妻子随后便意识混乱，神秘失踪。而孟逸飞却不知，妻子的部分意识却永远残留到了女儿的意识当中。

《意识强殖》（Incontrol）是 2017 年上映的加拿大科幻、惊悚电影。同《意识入侵》类似，电影幻想有一天人类可以进入别人意识，控制别人做事。

《未来陷阱》是 1983 年上映的美国电影，还是进入别人的意识，控制别人的故事。

《成为约翰·马尔科维奇》是 1999 年上映的美国电影。电影中，约翰·马尔科维奇是一个特殊的人，别人可以进入约翰·马尔科维奇的意识，成为约翰·马尔科维奇。

《逃出绝命镇》是 2017 年上映的美国电影。这部电影仍然是意识强植的故事。假如你不幸被坏人看中，他们会把你的意识关进地底，而让别人来使用你的身体。电影中，意识移植需要做换脑手术。

人的意识应该是时间的函数。所以，人才会有时清醒，有时糊涂。意识丧失、意识恢复、不知不觉、神志不清，这些描写意识的词都与时间有关。例如，一个人从昏迷中醒来，我们说他这个时候恢复了意识。既然意识是时间的函数，意识转移时转移的是哪个时候的意识呢？

意识转移不如说灵魂转移。例如，电影《阿凡达》就是实现的彻底的换魂。这里，意识应该是灵魂在某时刻的表现。

换魂也有差别。《阿凡达》里，换魂后，可以回归本体。《幻体：续命游戏》中，换魂后，本体死亡，不能回归本体。

电影中，意识移植虽然早就实现了。但是，疑问很多。

问题之一，究竟怎样进入别人的意识？《逃出绝命镇》需要换脑手术才能实现。《幻体：续命游戏》用的是像医院里核磁共振一样的设备，而且要求身上不能携有任何金属物品才能操作成功。《未来陷阱》依靠黑科技发明的一种仪器。《成为约翰·马尔科维奇》更离谱了，有一扇门，走进去像穿越一样，就进入了约翰·马尔科维奇的意识。

问题之二，我们在控制别人，我们自己是不是也被另外的人控制着？《未来陷阱》中，正是如此。

问题之三，当我们强植别人的时候，如果本体死亡了，我们的意识会永远留在别人的身体中吗？《幻体：续命游戏》中，男主角不再吃药，所以自己的意识慢慢消失了，而其占据的身体本体的意识慢慢回归了。还有很多其他的情况。在科幻电影中，人的意识仿佛一段程序，可随意加载到任何机器上。这样的处理，太过于简单化。因此，很多电影，只是披着科幻的外衣而已，并没有多少科幻的成分。

第六章　人工智能的舞台上谁最耀眼

AI 的鼻祖是谁？

AI 舞台上的明星有谁？他们有何贡献？

AI 历史上的重要节点有哪些？

瓦特与人工智能有何关系

提到隧穿，人们首先想到江崎二极管；提到人工智能，首先想到图灵；提起自动控制，人们总是首先想起维纳，想起钱学森，想起自动控制的代表作"三论"："系统论"，即贝塔朗菲（Bertalanffy，1901—1972）1945 年出版的《关于一般系统论》；"控制论"，即维纳（Wiener，1894—1964）1948 年出版的《控制论：或关于在动物和机器中控制与通信的科学》；"信息论"，即香农（Shannon，1916—2001）1948 年出版的《通信的数学理论》。

以"三论"为代表的科学方法论，是 20 世纪以来最伟大的成果之一。它的崛起为人类认识世界和改造世界提供了新的有力的武器。

所谓控制论，简而言之就是用系统的观点来分析系统内部的各个部分之间怎样相互作用，以及这些相互作用所产生的系统整体的特性是什么样的。这是控制论的本质问题。

我国著名科学家钱学森将控制论应用于工程实践，并于 1954 年出版了《工程控制论》。

维纳的《控制论》被公认为控制学科的开山之作。这本书的副标题同样有趣，引起很多人的遐想。事实上，维纳长期致力于研究动物与机器的共同之处，他的《控制论》更是直截了当地把人们对生物和机器的认识联系在了一起。维纳的意思是：不论是机器还是人，都是符合控制论原理的。维纳所研究的动物机体的控制机制主要是从宏观的角度来研究，如动物机体由于神经传导出了毛病，结果影响整体行为而发生错误；因为脊椎神经受到损害，所以本体感觉就传不上来。这是典型的控制论反馈问题。动物小脑出了毛病就使得综合信息处理器出问题，出现振荡。

微观水平是不是符合控制论的原理呢？现代乳糖操纵子模型说明生物在微观的层次、分子的层次，也是按控制论原理来调控的。

但是，维纳没有想到的是，这本书的副标题在哲学界却曾引起轩然大波。有人认为，维纳把人和机器并列，以至等同起来，有亵渎人类尊严之嫌。持这种看法的主要是一些哲学家，特别是苏联的一些哲学家。他们认为，维纳的控制论是一种反动的伪科学，是现代机械论的一种新"翻版"。还有更严重的批评说，控制论是为帝国主义服务的战争工具等。维纳在苏联和东欧曾一度被视为反动的伪科学家和帝国主义的帮凶。鉴于当时的世界形势，未见有人公开辩论过。

1954年，钱学森出版了《工程控制论》，这本书被迅速地被译成俄文、德文版。作者系统地揭示了控制论对自动化、航空、航天、电子、通信等领域的意义和深远影响。书内未触及人类这种动物的尊严，写的全是技术科学。包括苏联在内的世界各国科学界立即接受了这一新学科，从而吸引了大批数学家、工程技术学家从事控制论的研究，推动了20世纪五六十年代该学科发展的高潮。

1960年，在莫斯科召开第一届国际自动控制联合会世界大会，维纳出席，受到与会者英雄般的待遇。钱学森没有出席，但与会者齐声朗诵其《工程控制论》序言中的一段话，以这样独特的方式向他表示了致敬。

其实，无论是江崎、图灵，还是维纳，都不是他们赖以成名的概念的提出者。例如，隧穿，1973年的诺贝尔物理学奖授予了对量子隧穿效应的研究和应用做出了重大贡献的三个人，他们是江崎玲于奈（Esaki Reona）、约瑟夫森（Josephson）和贾埃弗（Giaever）。虽然如此，他们却都不是量子隧穿效应研究的第一人。量子隧穿效应的研究要追溯到更早的时间。

1928年，乔治·伽莫夫（George Gamow，1904—1968）正确地用量子隧穿效应解释了原子核的阿尔法衰变。同时期，罗纳德·格尼（Ronald Gurney）和爱德华·康登（Edward Condon）也独立地研究出阿尔法衰变的量子隧穿效应。不久，两个科学队伍都开始研究粒子穿透原子核的可能性。原子核的阿尔法衰变研究可能是量子隧穿效应研究的最早的工作。

伽莫夫是一个传奇人物，首先他是一个重量级的物理学家：发展了宇宙的"大爆炸理论"（1948年）；用量子隧道解释了原子核的 α 衰变（1928年）；与爱德华·泰勒（Edward Teller）共同描述自旋诱发的原子核 β 衰变（1936年）；在原子核物理中始创液滴模型（1928年）；在恒星反应速率和元素形成方面引入伽莫夫因子（1938年）；建立红巨星、超新星和中子星模型（1939年）；首先提出遗传密码有可能如何转录（1954）；等等。作为列宁格勒大学（圣彼得堡国立大学）少年"三剑客"（朗道、伊万年科和伽莫夫）之一，其学术成就一点也不亚于朗道。只不过，朗道一直沉醉于凝聚态物理的研究，而伽莫夫在不同领域任意驰骋。另外，朗道一直服务于苏联，而伽莫夫后来成为美国公民——他1933年趁出国参加会议而滞留于外，并于1940年加入美国国籍。

如前所述，AI的概念比较复杂，它与自动控制的关系难分彼此。从这个角度讲，AI的鼻祖就是自动控制思想的首创者。那么，自动控制思想的首创者究竟是谁呢？你可能想不到，这个人就是瓦特（Watt）。很多人不知道，自动控制技术在现代工业中的最早应用始于瓦特，始于瓦特的离心调速器。

英国人瓦特是工业革命之父。他发明的蒸汽机离心调速器，加速了第一次工业革命的步伐。

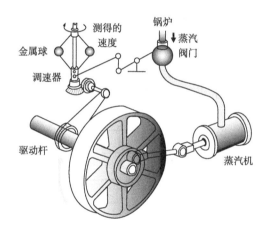

离心调速器工作原理

这是一个在大学物理课堂上反复提及的简单机械，通过控制飞球的转速来调节蒸汽机阀门的大小，保证驱动杆匀速转动。然而，很多人忽略了这个发明在自动控制历史上的地位，以及这个发明对自动控制影响深远的反馈思想。

在20世纪初，真空三极管的放大作用使人们可将微弱的信号放大，从而使弱信号的远距离传输成为可能。1915年左右，这一技术被贝尔实验室用于电话信号的传输。但是，有一个问题一直困扰着工程师们——放大器的增益不稳定。无论如何精心设计调节电路，放大器的增益都会因温度、时间、温度等因素变化而发生显著的变化。增益过高，信号产生了失真，使音质变差；增益过低，又使信号太弱，以至于听不清楚。美国电话电报公司的雇员们为了调节线路而疲于奔命，这个亟待解决的问题落在了 29 岁的哈罗德·史蒂芬·布莱克（Harold Stephen Black）的身上。

布莱克是贝尔实验室的雇员，他家在纽约，而贝尔实验室当时在新泽西，所以他每天乘坐轮渡跨过哈德逊河上班。每天轮渡上的时光是布莱克最惬意最轻松的时光，让他可以有更多的时间来思考一些概念上的东西。开环的放大器之所以增益很不稳定，是因为真空管本身有很大的非线性，并且极易受环境的影响，而无源元件比有源元件要稳定得多。因此，若放大器的增益能取决于无源元件，这个问题就能解决。于是，他参照了瓦特离心调速器的原理，发明了"反馈放大器"，并在 1928 年申请了反馈放大器的发明专利。

反馈放大器就是利用一个增益（也称"开环增益"）远大于实际使用增益的放大器，把放大器输出信号的一部分反馈到输入端，反馈回来的信号要抑制输入信号的效果。当输出的信号太强，就使输入信号的作用减弱，使输出回到正常水平；而当输出信号太弱时，又使输入信号的作用增强，使输出升高。于是，整个反馈放大器电路的增益取决于反馈回路，而不取决于放大器的增益。这样，电路的增益就取决于无源的反馈元件，而与有源的放大器无关。这种方式称为"负反馈"，至今仍然是运算放大器最核心的原理。

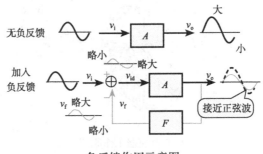

负反馈作用示意图

离心调速器是最古老的自动控制系统，它最早应用了反馈的原理，实现了对蒸汽机转速的自动控制，开启了近代自动控制的先河。直到今天，反馈控制的思想，不仅是自动控制技术的核心思想，也是模拟电子技术的核心思想，影响极为深远。

电子器件分为无源器件和有源器件两种。一般地，电子器件常由一个或几个电子元件组成。无源元件是不需要外加电源的条件下就可显示特性的电子元件，也就是说在电流中无须外加电源即可在有信号时工作。电子电路中无源元件按照功能，可分为电路类和连接器类元件。电路类如电阻、电容、电感、变压器、继电器等。连接器类如端子、插座等。有源元件是需要外加电源才可以工作的电子元件。有源元件如二极管、晶体管、场效应管等。笼统地说，有极性的元件称为有源元件，无极性的称为无源元件。

一般地，有源器件都是非线性器件，如二极管、晶体管等。非线性会造成初值敏感性。这个非线性物理的问题称为蝴蝶效应，是美国著名气象学家洛伦茨（Lorenz）在 1963 年提出的大胆理论。该理论可形象地比喻为：一只亚马孙河流域热带雨林中的蝴蝶，微微地扇动几下翅膀，两周后在美国得克萨斯可能会因此引发一场巨大的龙卷风。

即使是微弱的扰动信号，也可能造成器件输出的重大变化。这是非线性器件的特征。所以放大器件一定是非线性器件。

前面提到布莱克解决放大器增益不稳定问题，模仿瓦特的自动控制原理，发明了反馈放大器。另外，他用无源器件取代了有源器件也是这个道理。

简单地说，反馈思想就是用输出影响输出，用输出矫正输出。这个思想可见于各个学科的各种方法之中，足见其影响之广、之深。例如，微分方程的数值求解中就有预报 - 矫正方法，与反馈思想如出一辙。

AI 后来的发展也得益于反馈思想。1983 年美国加利福尼亚州理工学院物理学家霍普菲尔德（Hopfield）教授提出反馈神经网络的概念，对神经网络学科的发展颇具影响。反馈神经网络是一种将输出经过一步时移再接入输入层的神经网络系统。反馈神经网络是反馈网络中最简单且应用广泛的模型，它具有联想记忆的功能。

一个小小的离心调速器蕴含着 AI 的深刻思想，你没有想到吧？

达特茅斯会议上还有香农

人工智能的起源，公认是 1956 年的达特茅斯会议（Dartmouth Conference）。会议的召集者是约翰·麦卡锡（John McCarthy），主要参加者包括马文·明斯基（Marvin Minsky，人工智能与认知学专家）、艾伦·纽厄尔（Allen Newell，计算机科学家）、赫伯特·西蒙（Herbert Simon，诺贝尔经济学奖得主）等人工智能领域的干将。当然，还有一个人不能不提，他就是当时大名鼎鼎的克劳德·香农（Claude Shannon）。

这里的达特茅斯指的是美国汉诺威（Hanover）小镇上的达特茅斯学院。别小看这个学院，它建于 1769 年，是美国历史最悠久的世界顶尖学府之一，为闻名遐迩的八大常春藤联盟盟校之一。不称"大学"偏叫"学院"，透着满满的自信。

为什么在达特茅斯召开这个会呢？原因之一就是因为麦卡锡是达特茅斯学院的助理教授。近水楼台，熟悉环境。

理工科的学生可能都知道香农。大学物理课程在讲到热力学的时候会涉及热力学第二定律，于是会涉及熵的概念。香农是美国数学家、信息论的创始人。他的最重要的一个公式便是关于信息熵的。

物质、能量和信息是构成客观世界的三大要素。信息还没有一个公认的定义。一般把消息中有意义的内容称为信息。那么，信息能否度量？

香农的回答是：能。香农指出，当我们对一问题毫无了解时，对它的认识是不确定的，在对问题的了解过程中，通过各种途径获得信息，逐渐消除了不确定性，获得的信息越多，消除的不确定性也越多。我们可以用消除不确定性的多少来度量信息量的大小。

例：会堂有 20 排、每排 20 个座位。找一个人。

甲告诉消息：此人在第 10 排；

乙告诉消息：此人在第 10 排、第 10 座。

甲乙消息的不确定度是不一样的，因此，其信息量也是不一样的。乙的不确定度最小，则其信息量最大。那么，能否用数学来定量度量信息量呢？

1948 年，香农在题为"通信的数学理论"的论文中指出："信息是用来消除随机不定性的东西。"香农应用概率论知识和逻辑方法推导出了信息量的计算公式。

同麦卡锡他们相比，香农比他们年长十岁左右，当时已是贝尔实验室的资深研究员。而且，麦卡锡和明斯基都曾在贝尔实验室为香农打过工。麦卡锡给香农打工这事发生在 1953 年。一个大学教师不好好教学，为什么要去打工呢？这里的原因比较特殊，在美国的高校里，教授只发九个月工资，另外三个月的钱需要自己解决。于是，假期出去打工是很多人的选择，还可以扩大朋友圈，一举多得。麦卡锡不给香农打工，就不会结识他，就没有机会拉香农参加这次会议，这次会议的分量就会失重。的确，这次会议也真的非常特殊，一开就开了两个月。这会怎么开的，今天实在难以想象。

虽然香农在达特茅斯会议上看上去像个"打酱油"的，但是，香农本人在人工智能方面的贡献也不可小觑。

1950 年，他就为《科学美国人》撰写过一篇文章，阐述了"实现人机博弈的方法"；同一年，他设计的国际象棋下棋程序，发表在当年的论文 *Programming a Computer for Playing Chess* 中。

1956 年，在洛斯阿拉莫斯的 MANIAC 计算机会议上，他又展示了国际象棋的下棋程序。可以说，香农的下棋程序是后来成名的"深蓝"的名副其实的鼻祖。

在研制下棋程序期间，香农花费了大量的工作时间来钻研国际象棋。下棋让香农兴高采烈。他后来回答记者采访时说，"我常常随着自己的兴趣做事，不太看重它们最后产生的价值，更不在乎这事儿对于世界的价值。我花了很多时间在纯粹没什么用的东西上"。这种不务正业让他的上司"多少有点不高兴"，但又不好意思阻止当时已经是业界大牛的香农。

1952年，香农做出了一个会自我学习走迷宫的"人工智能"老鼠——"香农鼠"，这大概算是第一台人工智能装置的雏形。

1961年，香农为了挑战拉斯维加斯的赌场，还做了世界上第一台隐藏式的穿戴式电脑。

所以，说他是人工智能的先驱，一点也不夸张。

先知的预言

奥地利物理学家薛定谔是"波动力学之父"、量子力学集大成者之一。他于1933年获得诺贝尔物理学奖，又于1937年荣获马克斯·普朗克奖章。1944年，他出人意料地出版了《生命是什么》一书。这是一部石破天惊的书，薛定谔在书中提出了一系列天才的思想和大胆的猜想。他认为，生命现象原则上可通过物理学和化学进行诠释。毫不夸张地说，薛定谔开辟了生物物理研究之先河。在薛定谔鸿文的感召下，一大批物理学家投身到生物物理学的研究洪流中。

理查德·费曼是美国物理学家，也是1965年诺贝尔物理学奖得主。他曾提出费曼图、费曼规则和重正化的计算方法，这些是研究量子电动力学和粒子物理学不可缺少的工具。1959年，费曼在加利福尼亚州理工学院举行的美国物理年会上，以"底下的空间还多得是"（There's plenty of room at the bottom）为题演讲。他在演讲中指出，操纵与控制微小物体的可能性并不违反物理定律，鼓励世人朝原子尺度去思考，并预测科学家将在微小世界中发现许多新奇的现象。后人多以此演讲认定他开辟了纳米科技之先河。

科学的目标是为我们解惑，而技术是要解决问题的。任何发明创造背后的驱动力往往来源于问题。

1942年，在美国诞生了世界上第一台电子计算机，它是一个占地150m²、重达30t的庞然大物，里面的电路使用了17 468只电子管、7200只电阻、10 000只电容、50万条线，耗电量150kW。显然，占地面积大、无法移动是它最直观和突出的问题。1947 年，贝尔实验室的肖克莱、巴丁、布喇顿发明了一种电子电路中重要的半导体器件晶体管。1956 年他们获得诺贝尔物理学奖。晶体管具有电子管的主要功能，并且克服了电子管体积庞大、笨重、耗电惊人的缺点。但是，晶体管—电子管一对一的替代，虽然解决了体积问题和耗电问题，但把如此之多的元件连成器件仍有问题，最明显的就是一处电焊失误则使整个器件前功尽弃。

1952 年 5 月，英国科学家杰弗里·达默（Geoffrey Dummer）第一次提出了不需电焊的集成电路的设想。他预言，可把电子线路中的分立元器件，集中制作在一块半导体晶片上，一小块晶片就是一个完整电路。这样一来，电子线路的体积就可大大缩小，可靠性大幅提高。这就是初期集成电路的构想。杰克·基尔比（Jack Kilby）和罗伯特·诺伊斯（Robert Noyce）在 1958—1959 年分别发明了锗集成电路和硅集成电路，验证了达默的预言。此后，集成电路得到了迅速发展。现在集成电路的使用已遍地开花。

1965 年，英特尔公司的高级主管，高登·摩尔（Gordon Moore）预言："每隔 18 个月新芯片的晶体管容量要比先前的增加 1 倍，同时性能也会提升 1 倍。"这个预言被称为摩尔定律。摩尔定律其实不是一个定律，准确地说，不是牛顿定律那样的定律。但毫不夸张地说，摩尔定律跟牛顿定律一样有名。

事实已经证明，在过去的 30 多年里，摩尔定律准确地预测着芯片技术的发展趋势。随着集成电路的集成度越来越高，晶体管的尺寸和集成电路的最小线宽越来越小，摩尔定律受到了极大的挑战。

来来先上上方看，眼界无穷世界宽。岩溜喷空晴似雨，林萝碍日夏多寒。众山迢递皆相叠，一路高低不记盘。清峭关心惜归去，他时梦到亦难判。——〔唐〕方干《题报恩寺上方》

这首诗说的是眼界，"眼界无穷世界宽"。先知的预言之所以区别于平常人的臆断，就在于他们超出常人的眼界。

19 世纪末，以力、热、光、电为代表的物理学理论已非常完善，物理学的应用四面开花并令人赞叹。在这种情形下，著名的德国科学家基尔霍夫（Kirchhoff）预言：物理学家将无所作为了，至多只能在已知规律的公式的小数点后加上几个数字罢了。英国大物理学家汤姆逊（Thomson）在刚跨入 20 世纪的第一天的元旦献词中也说：物理学大厦已经建成，后辈物理学家只能做一些零碎的修补工作。然而，很快就迅猛发展起来的相对论和量子力学让人们懂得了什么是学无止境。

20 世纪前夕，美国专利局专员查尔斯·迪尤尔（Charles Duell）要求麦金莱（Mcklinley）总统撤销该局，理由是：能发明的东西都发明了。当然，迪尤尔的预言很快就被证明为无比荒谬。一个世纪过去了，世界却在告诉我们，还有很多东西等待着人类去发明创造，过去许多认为不可能的事情正在变成现实！

像迪尤尔这样的失败的预言历史上并不罕见，有些还出自名人之口。

1943 年 IBM 前董事长托马斯·沃森（Thomas Watson）曾经认为，全球大概只需要五台计算机（IBM 的巨型机）就够了。

1949 年美国《大众机械学》期刊在预测科学进步时指出："未来的计算机也许只有 1.5t 重。"

1957 年普伦蒂斯霍尔（Prentice Hall）出版社主管商业书籍的编辑预言，人们对用计算机处理数据的热情不会超过一年。

1968 年 IBM 高性能计算机系统事业部的工程师在评论微芯片的时候这么说："这个……有什么好处呢？"我的天，要是在今天，IBM 的计算机工程师提出这样的问题，他早就被解聘了。

1977 年 DEC 公司的创始人、董事会主席肯·奥尔森（Ken Olson）说过这样的话，"没有理由认为每个人都会在家中使用计算机"。

1980 年微软公司的比尔·盖茨在开发 DOS 的时候曾这么认为："DOS 只能管理 1MB 的空间，因为我们无法想象还有什么应用软件会需要更多的内存。"

任何人都会犯错误，我们不应也不必太在意别人曾经说过什么。科技携着飓风进入我们的生活，其进步的速度是连伟人都无法预见的。观点代表眼光，而眼光决定了命运，尤其是对于企业而言。

1975 年，柯达的工程师史蒂夫·萨森（Steve Sasson）发明了数码相机，这是一种基于电荷耦合器件（charge coupled device，CCD）技术的崭新产品。但公司管理层告诉他"这个很漂亮，但不要让任何人知道"。此时，柯达胶卷业务在赚大钱，管理层担心这种新技术会冲击自己的根基。1979 年，为柯达工作了 20 年的老雇员、罗切斯特大学商学院教授拉里·马特森（Larry Matesson）提醒老东家，胶片市场将逐渐被数码产品取代。从政府勘测开始，然后是专业摄影，最后是主流市场，马特森预测，数码产品的全面普及将会发生在 2010 年。

尽管如此，柯达管理层坚持认为，数码相机时代还很遥远。现在仍然是柯达胶卷百年老店的天下。因此，尽管柯达后来也开发了世界上第一台商品化的数码相机，同时柯达也积累了海量的数码技术专利，在数码技术方面占有绝对的优势。但柯达管理层始终患得患失，担心胶卷销量受到影响，影响公司短期内盈利，于是忽视长期收益，仍然将重点放在传统模拟相机的胶卷生意和防止胶卷销量的下降上，一直没有大力发展数字业务，这种淡漠市场需求趋势变化的行为直接导致产品转型更新缓慢,"一直在转型而又一直未转型",使柯达错过了最佳战略机遇期。等到 2003 年柯达下定决心转型之时,对手在新领域的竞争优势已无法撼动,"一步赶不上,步步赶不上",柯达的噩梦从此开始。

2012 年 1 月 19 日,柯达公司在纽约申请破产保护。这个拥有 130 多年历史,曾经占据全球 2/3 感光胶片市场的霸主,轰然坍塌。

美国人雷·库兹韦尔(Ray Kurzweil),出生于 1948 年 2 月 12 日,1970 年毕业于麻省理工学院计算机专业,是一个集发明家、企业家、学者、未来学家、预言家等头衔于一身的全才,被认为是"爱迪生的合法继承人"。他还获得一系列的大奖,包括美国总统克林顿颁发的奖章,并写过很多有影响的畅销书。他的贡献很多,特别是在人工智能方面。他有很多预言。微软创始人比尔·盖茨曾经称"他是我知道在预测人工智能上最厉害的人"。他的很多预言乍听起来都像天方夜谭,但他的每一个预言后面都是严密的逻辑推理和大量的科学数据。这也就是为什么他能到处演讲,并吸粉无数的原因。虽然对他的推断和预言,许多人也将信将疑,但一时也无法否定。

1990 年,他预言:电脑将在 1998 年战胜国际象棋的棋王。这一预言在 1997 年被证实。

1999 年,他预言:再过上 10 年,人类可以通过语言控制计算机。

2005 年,他再次预言:2010 年左右,语言不通的障碍就能被实时语言翻译技术彻底解决。

关于计算机的计算能力的预言有点像摩尔定律。随着计算机运算能力的加速提高以及制造成本的急速下降,库兹韦尔预言:到 2027 年,用 1000 美元的价格可以买到超越一个人(脑力)的电脑;到 2050 年,1000 美元的价格就可买到超过全部人类大脑智能(all human brains)的计算机。

"电脑超越人脑"是库兹韦尔最有名的预言。"电脑超越人脑"更准确的表述应是"人工智能完全超越人类智能"。那么,究竟何时才能发生"电脑超越人脑"这样的事情呢?库兹韦尔把这一时刻称为"奇点时刻",并预言起点时刻是不远的 2045 年。

在科学世界里,奇点是一个飘忽而迷人的概念。在数学上,奇点通常指某个非常特殊的点,如某个函数在这一点上没有定义、某个函数在这一点上给出的规律失效不再成立等。物理学上的奇点,更加诡异。在大爆炸理论中,奇点被认为是宇宙演化的起点,它的性质,玄妙得让人根本无法捉摸,如体积无限小,而密度、压力却无限大等。不管是无限小还是无限大,在物理学上都无法进行实验观测,而只能进行理论推断。这一切都加深了奇点的神秘性。

不过，库兹韦尔的奇点理论没那么复杂，只是一个时间点而已。库兹韦尔的奇点理论提出于 2005 年。那一年他出版了《奇点临近》（*The Singularity is Near*：*When Humans Transcend Biology*）一书。这本书一问世很快成为畅销书。库兹韦尔在《奇点临近》一书中指出，"随着纳米技术、生物技术等呈几何级数加速发展，未来 20 年中人类的智能将会大幅提高，人类的未来也会发生根本性重塑。在'奇点'到来之际，机器将能通过人工智能进行自我完善，超越人类，从而开启一个新的时代……加速技术是奇点大学关注的焦点，我们正处在这样一个时期——只有融会贯通地运用高速发展的新技术，才能解决人类面临的环境、能源、健康、医疗和贫困等难题。"

奇点理论的提出引起人类社会不小的恐慌。实际上，在历史上，人工智能至少已引起过人类社会三次恐慌。第一次是在图灵的年代。这次恐慌源于计算机的诞生，人们认为不可破译的密码，被计算机破译了。按这个趋势发展下去，是不是迟早有一天计算机就可以超过人类？ 20 世纪 80 年代以后个人电脑的普及带来了又一次恐慌。电脑的功能如此强大，超越人类是否指日可待？ 而现在，连日子都定好了。

辛顿：从"神经网络之父"到"人工智能教父"

人脑中的神经网络是一个非常复杂的组织。成人的大脑中估计有 1000 亿个神经元之多。这些神经元之间如何连接？这些连接可以改变吗？

杰弗里·辛顿（Geoffrey Hinton）思考这些问题时据说还不满 12 岁。他认为，人脑神经元之间的连接是可以改变的，通过学习，相应的连接可以加强。具体地说，本来松散的神经元网络，神经元之间的连接不是均等的，每一个连接都有其权值，这种权值通过学习可以改变。孩子大脑的发育过程也是一个学习过程。

模拟人脑神经网络运行机制的人工神经网络有很多参数，其中就包括节点之间的连接权重，这些参数也是不确定的，而是通过学习来进行调整。因此，人工神经网络的学习过程，就是优化这些网络参数，以获得最好的模拟效果的过程。

人工神经网络技术是一种模拟人脑的神经网络以期能实现类人工智能的机器学习技术。简单地说，人工神经网络就是通过一种算法允许计算机通过合并新的数据来学习。利用深度学习的神经网络任务的一个常见例子是对象识别任务。在该任务中，神经网络呈现出大量特定类型的对象，如猫或路标，而计算机通过分析所呈现图像中的反复出现的模式，学会对新图像进行分类。

卷积神经网络属于人工神经网络的一种，它的权重共享的网络结构显著降低了模型的复杂度，减少了权值的数量。卷积神经网络不再对每个像素的输入信息做处理，而是对图片上每一小块像素区域进行处理。这种做法加强了图片信息的连续性，使神经网络能看到图形，而非一个点。换句话说，卷积神经网络可直接将图片作为网络的输入，自动提取特征，并且对图片的变形（如平移、比例缩放、倾斜）等具有高度不变性。这种做法同时也加深了神经网络对图片的理解。

现在热门的卷积神经网络由来已久。"卷积"一词在 1906 年已出现在文献中了，第一次引进到神经网络中是 1982 年。

早在 20 世纪 80 年代，辛顿就参与了一个使用计算机模拟大脑的研究，这个研究形成了如今所谓的"深度学习"概念。然而，辛顿的求知之路也并不总是一帆风顺，学术期刊曾经因不认可神经网络这一理念而频频拒收他的论文。

1989 年，辛顿、杨乐昆（Yann LeCun，也译燕乐存）等开始将 1974 年提出的标准反向传播（back propagation，BP）算法应用于深度神经网络。当年，尽管算法可以成功执行，但计算代价巨大。那时的电脑性能还远远不能处理神经网络需要的海量数据，神经网络的训练时间长达三天，因而无法投入实际使用。与此同时，神经网络也受到了其他更加简单模型的挑战，如支持向量机模型，它是 20 世纪 90 年代至 21 世纪初流行的机器学习算法。

为了解决这些问题，1992 年 9 月—1993 年 10 月，辛顿撰写了近 200 篇文章，介绍他利用神经网络进行学习、记忆、感知和符号处理的研究。

辛顿是多层神经网络训练的最重要研究者之一，他最重要的创新之一是，他在训练"专家乘积"中最早提出的单层受限玻尔兹曼机（restricted Boltzmann machine，RBM）的训练方法——对比分歧（contrast divergence，CD）。对比分歧提供了一种对最大似然的近似，被理想地用于学习受限玻尔兹曼机的权重。当单层 RBM 被训练完毕后，另一层 RBM 可被堆叠在已训练完成的 RBM 上，形成一个多层模型。每次堆叠时，原有的多层网络输入层被初始化为训练样本。

也就是说，辛顿发明的训练方法对 20 世纪 50 年代的数字神经网络进行了极大的改进，因为它能从数学层面上优化每一层的结果，从而使神经网络在形成堆叠层时加快学习速度。

辛顿和杨乐昆如今回忆起来，都表示这过程异常地艰难。事实是，直到 2004 年——距离辛顿第一次研究反向传播算法神经网络已经 30 年——学术界仍然对其毫无兴趣。直到 2009 年，人们才终于醒悟。2012 年情况发生了彻底改变。

2012 年，辛顿与他的学生将卷积神经网络应用于图像识别，在著名的 ImageNet 大规模视觉识别挑战赛（简称 ImageNet 大赛）中一举夺魁。这被视为近年人工智能技术的里程碑事件，如今卷积神经网络也在产业界得到广泛应用。

辛顿参加 ImageNet 大赛也是为了宣传卷积神经网络。他成功地让深度神经网络成为一项吸引眼球的技术。实际上，辛顿的成功不是偶然的。第一，当时大规模数据（如 ImageNet）已经为深度学习提供了好的训练资源；第二，当时计算机的算力已与过去不可同日而语，特别是 GPU 的出现，使训练大规模卷积神经网络成为可能。

在 2012 年，辛顿还获得了加拿大基廉奖（Killam Prizes，有"加拿大诺贝尔奖"之称的国家最高科学奖）。2013 年，辛顿加入谷歌并带领一个 AI 团队，他将神经网络带入研究与应用的热潮，将"深度学习"从边缘课题变成了谷歌等互联网巨头仰赖的核心技术，并将辛顿反向传播 （Hinton back propagation）算法应用到神经网络与深度学习。

2018 年图灵奖授予深度学习领域三位杰出科学家，其中就有辛顿。

现在辛顿的名字已经光芒四射，他被誉为"神经网络之父""人工智能教父""深度学习之父"。

形形色色的科技大奖中AI人获得几个？

1. 诺贝尔奖

20 世纪是发明的世纪。硅器时代，半导体科学和技术无疑是主角。关于这一点可从诺贝尔奖的历史中窥见一斑。

1909 年，卡尔·布劳恩（Carl Braun）因无线电报的发明而与伽利尔摩·马可尼（Guglielmo Marconi）共同获得了诺贝尔奖，布劳恩的贡献包括半导体整流效应的发现，这对于信号检测非常重要。

1956 年，贝尔实验室的肖克莱、巴丁和布喇顿因发明半导体晶体管（1948 年）获得诺贝尔物理学奖。

肖克莱后来被称为"硅谷之父"，他创办了肖克莱半导体工作室，这家公司是硅谷的第一家半导体企业。他的职员曾包括诺伊斯、摩尔这样的 IT 精英人物。而巴丁是历史上唯一一个两次获得诺贝尔物理学奖的人，他的另外一次诺贝尔奖是因低温超导的 BCS 理论。

1973 年，IBM 公司的江崎玲于奈因发现半导体量子隧道效应获得诺贝尔物理学奖。

1977 年，当时还在贝尔实验室，后来在普林斯顿大学的菲利普·安德森（Philip Anderson）、英国剑桥大学卡文迪许教授和物理系主任的内维尔·莫特（Nevill Mott）和美国哈佛大学约翰·范扶累克（John van Vleck）因发现金属和半导体中的无序效应及量子输运获得诺贝尔物理学奖。

1985 年，德国马普学会固体物理研究所所长克劳斯·冯·克林青（Klaus von Klitzing）因发现半导体二维结构中的整数量子霍尔效应获得诺贝尔物理学奖。

1996 年，诺贝尔化学奖授予理查德·斯莫利（Richard Smalley）等三位化学家，以表彰他们发现富勒烯（C_{60}）开辟了化学研究的新领域。

1998 年，当时还在贝尔实验室，后来分别在哥伦比亚大学、普林斯顿大学和斯坦福大学的霍斯特·施特默（Horst Störmer）、崔琦（Daniel Chee Tsui）、罗伯特·劳克林（Robert Laughlin）因发现半导体二维结构中的分数量子霍尔效应获得诺贝尔物理学奖。

2000 年俄罗斯科学院若尔斯·阿尔费罗夫（Zhores Alferov）、美国加利福尼亚大学赫伯特·克勒默（Herbert Kroemer）和德州仪器公司的杰克·基尔比（Jack Kilby）共同获得诺贝尔物理学奖。前两人是因为发明了半导体异质结构，从而奠定了半导体微电子和光电子技术基础而获奖，而基尔比则是因为 1958 年发明硅集成电路，即成功地实现了把电子器件集成在一块半导体材料上的构想。

2009 年，高锟因在光学通信领域光在纤维中传输方面的突破性成就，与贝尔实验室的威拉德·博伊尔（Willard Boyle）和乔治·史密斯（George Smith）因发明电荷耦合器件（CCD）图像传感器而共同获得诺贝尔物理奖。

2010 年诺贝尔物理学奖授予英国曼彻斯特大学安德烈·海姆（Andre Geim）和康斯坦丁·诺沃肖洛夫（Konstantin Novoselov），以表彰他们在石墨烯材料方面的卓越研究。

2014 年，诺贝尔物理学奖授予发明有效蓝色发光二极管（light-emitting diode, LED）的赤崎勇（Isamu Akasaki）、天野浩（Hiroshi Amano）和中村修二（Shuji Nakamura）。赤崎勇，日本国籍，1929 年出生在日本知览町。1964 年于日本名古屋大学获得博士学位，现为日本名城大学教授、日本名古屋大学特聘教授。天野浩，日本国籍，1960 年出生于日本滨松。1989 年于日本名古屋大学获得博士学位，现为日本名古屋大学教授。中村修二，美国国籍，1954 年出生于日本伊方町。1994 年于日本德岛大学获得博士学位，现为美国加利福尼亚大学圣巴巴拉分校教授。

2017—2019 年，人工智能（AI）连续三次被写入政府工作报告，可见我国对 AI 研究和产业的重视。截至 2019 年 1 月，全国已有 30 多所高校建立了与 AI 有关的学院，开始了 AI 专业的招生。但是，人工智能似乎在别的国家并没有如此受重视。

首先，一门学科受重视的程度可从"大奖"中看出端倪。全球最有名的奖项当数诺贝尔奖了。诺贝尔奖中有专门奖给人工智能领域的发明创造吗？好像没有。

原因很多，可能诺贝尔奖的主要对象还是奖励科学发现吧。

那么，人工智能是科学还是技术呢？比较流行的观点是，1956 年前的人工智能是科学，1956 年后的人工智能是技术，因为 1956 年前人们只是探讨人工智能的可能性，1956 年后开始技术实现了。另外，人工智能现在分为强人工智能和弱人工智能。强人工智能是科学，弱人工智能是技术。

强人工智能的目标是制造生命，为此需要知道作为生命特征的人脑的机制和意识的机制，否则无法模拟。意识的机制是未知的，是人脑及其运行背后未知的秘密。强人工智能想了解这一点，显然这是科学的内涵。弱人工智能则只是实现对生命某种功能的模仿。它只是沿着图灵的思路，研究如何让机器执行人脑相应的功能而得到应用而已。

除了诺贝尔奖，我们再来看形形色色的各种科技大奖。这些大奖奖金数目一点也不输于诺贝尔奖，因而也十分令人瞩目。

2. 奖金不输诺贝尔奖的科技大奖

芬兰千年技术大奖（Millennium Technology Prize），由芬兰技术奖基金会设立于 2002 年，旨在表彰那些为提高人民生活质量做出重大贡献的科研人员。该奖奖金数额为 100 万欧元，每两年颁发一次。全世界对人类发展做出巨大贡献的科学家均可获得提名，无国界限制，该奖项可以颁发给个人，也可颁发给科研课题组。基金会国际专家组负责推选候选人。

第一届芬兰千年技术大奖于 2004 年颁发。半导体行业中，我们熟知的中村修二获得第二届（2006 年）的千年技术大奖。

瑞士教授迈克尔·格兰泽尔（Michael Grätzel）是第三代太阳能电池——染料敏化太阳能电池的发明人。他获得了第四届（2010 年）的千年技术大奖。

卡弗里奖是由卡弗里基金会和挪威科学院等共同设立的杰出国际科学奖。卡弗里基金会由美籍挪威人福瑞得·卡弗里（Fred Kavli）设立。卡弗里奖主要表彰在纳米科学、神经科学和天体物理领域做出创新成果的科学家，奖金分别为 100 万美元。卡弗里奖每两年评选一次，2008 年首次颁发。

前面我们介绍过的日本物理学教授饭岛澄男因发现碳纳米管获得了第一届卡弗里纳米科学奖。

2012 年创立的美国科学突破奖是目前奖金额最高的科学奖，单项奖金高达 300 万美元，由谷歌公司创始人之一谢尔盖·布林（Sergey Brin）、脸书创始人马克·扎克伯格（Mark Zuckerberg）、俄罗斯互联网投资公司 DST 创始人尤里·米尔纳（Yuri Milner）等人共同创立。中国腾讯公司董事会主席马化腾也是该奖的创始捐赠人。目前，科学突破奖下仅设"生命科学突破奖"、"基础物理学突破奖"和"数学突破奖"三类，半导体行业人士尚未涉及。

2016 年，中国第一个由科学家、企业家共同发起的民间科学奖项——未来科学大奖正式设立。未来科学大奖每年颁发一次，颁奖对象不限国籍，但需要是在中国完成研究的科学家，且研究要具备原创性、长期重要性和巨大的国际影响。

2016 年，首届未来科学大奖的"生命科学奖"和"物质科学奖"得主分别为香港中文大学教授卢煜明和清华大学教授薛其坤。2017 年，未来科学大奖增设"数学与计算机科学奖"。

2018 年未来科学大奖的"数学与计算机科学奖"获得者是林本坚。他是浸润式光刻技术的发明人。由于他的发明，集成电路制造得以跨越新的节点，摩尔定律得以延伸多代。

我们知道，光子无法聚焦在比其一半波长更小的区域内，这就是通常所说的衍射极限。随着芯片尺度的进一步缩小，光刻光的波长必须也随之减小。但是，在普通物理学中我们学过，介质中的光的波长会变成其真空波长的 $1/n$。这里 n 是介质的折射率。基于此，2002 年，林本坚发明了浸润式光刻技术。他在透镜和硅片表面的间隙中，用水代替空气将 193nm 波长的光缩短至 134nm。这一创造震惊世界。林本坚的浸润式光刻技术彻底改变了集成电路的生产方式。

林本坚毕业于台湾大学的电机系并获得电机学士。此后，林本坚赴美读书，于 1970 年获得俄亥俄州立大学电机工程博士。毕业后，他进入 IBM，从事半导体成像技术研发，一干就是 22 年。2000 年，林本坚回到中国台湾，加入了台湾积体电路制造股份有限公司（台积电）。那时，全世界都在钻研 157nm 波长的光刻技术，不过，林本坚认为这个技术遇到了难以突破的瓶颈，需要另觅他途。经过持续不懈的努力，2002 年，他终于开创性地发明浸润式光刻技术，扭转了世界半导体的技术潮流。

　　林本坚曾是台积电的研发副总裁和杰出研究员。作为 IEEE 终身研究员、美国国家工程院院士、中国台湾地区"中研院"院士，他还获得了 IEEE 克雷多布鲁内提（IEEE Cledo Brunetti）奖（2009 年），IEEE 西泽润一奖章（Jun-ichi Nishizawa Medal Award）（2013 年）等奖项。

　　张忠谋曾说，没有林本坚，就没有台积电的今天。

　　千年技术大奖、未来科学大奖、卡弗里奖 、邵逸夫奖等，这些大奖都是奖励某些领域的专门人才的，如邵逸夫奖设有三个奖项，分别为邵逸夫天文学奖、邵逸夫生命科学与医学奖和邵逸夫数学科学奖。显然，人工智能还没有上升到数学、医学这样的学科高度。在人们的心里，人工智能只是计算机科学和技术中的一个小天地而已。因此，人工智能的专家们只能出现在图灵奖这样的行业大奖中。

3. 行业大奖

　　兰克奖（The Rank Prize）是英国顶级科学奖之一，被认为是光电子学、营养学界的诺贝尔奖。获奖对象主要是在全球光电子学或营养学领域进行原始创新并对人类社会做出重要贡献者。"杂交水稻之父"袁隆平、湖南大学生物医学工程中心聂书明、"光纤之父"高锟、台湾的郑骅、重庆邮电大学微电子工程中心王国裕和陆明莹等科学家曾获得此奖。

　　王国裕，1954 年 5 月出生，1982 年东南大学半导体专业（学士）毕业，1984 年清华大学半导体专业（硕士）毕业；1993 年英国爱丁堡大学微电子系统与电路专业（博士）毕业。曾先后在西安交通大学、重庆邮电大学任教。1987—1991 年在英国参加了世界第一个单片互补性氧化金属半导体（complementary metal-oxide semiconductor, CMOS）摄像芯片（第一块 CMOS 图像传感器）的研制，他们把普通的 CMOS 技术用到数码相机、摄像机上，使生产成本下降 1/3。2002 年，这项技术被正式运用到了诺基亚的相机上。从此手机拍照变得轻而易举，手机拍照从奢侈品变成了普通大众的消费品。王国裕是芯片的主要设计者之一，并因此荣获 2008 年度兰克奖。

　　CCD 是贝尔实验室的博伊尔（Boyle）和史密斯（Smith）于 1970 年发明的，由于它有光电转换、信息存储、延时和将电信号按顺序传送等功能，且集成度高、功耗低，故得到飞速发展，是图像采集及数字化处理必不可少的关键器件。我们现在拍照可以及时查看照片，不用像从前那样冲洗，全是得益于半导体图像传感器的发展。因此，这是一项划时代的发明。2009 年博伊尔和史密斯因为发明半导体成像器件 CCD 图像传感器获得诺贝尔物理学奖。CCD 图像传感器的优点是灵敏度高、噪声小、信噪比大，但生产工艺复杂、成本高、功耗高。在网络摄像头产品上，很少采用 CCD 图像传感器。王国裕等发展的 CMOS 图像传感器的优点是集成度高，功耗较低、成本低，对光源要求高。CCD 和 CMOS 在制造上的主要区别是 CCD 是集成在半导体单晶材料上，而 CMOS 是集成在被称为金属氧化物的半导体材料上，工作原理没有本质的区别。

兰克奖面向领域较宽，实际上半导体人更重视的是行业大奖。半导体行业群星荟萃，在这个领域能取得举世公认的成果并非易事。

美国半导体行业协会（Semiconductor Industry Association，SIA）颁发的两个著名大奖具有相当的影响力。第一个是罗伯特·诺伊斯奖（Robert Noyce Award）。SIA 罗伯特诺伊斯奖是半导体行业的最高荣誉，一般颁发给著名企业的董事长，以表彰个人在支持美国半导体产业方面的杰出成就和领导力。例如，张忠谋曾获此奖（2008 年）。另一个大奖是 SIA 大学研究奖（University Research Award）。这个奖于 1995 年设立，旨在表彰大学教师对美国半导体产业的研究贡献。华裔科学家中，萨支唐（Chih-Tang Sah）曾获此奖。萨支唐 1956 年起即追随肖克莱从事半导体研究。1959—1964 年供职于仙童公司。他是提出 CMOS 结构的第一人。半导体专业的人都学过 MOS 场效应管的原理，因此都知道有一个萨支唐方程。

半导体行业中另一行业大奖是国际功率半导体先驱奖。国际功率半导体器件与集成电路年会（International Symposium on Power Semiconductor Devices and ICs，ISPSD）是功率半导体领域顶级学术年会，自 1992 年开始举办，每年一届。国际功率半导体先驱奖是 ISPSD 授予在本领域有突出贡献和显著声望的科学家的最高荣誉。至今仅有绝缘栅双极型晶体管（insulated gate bipolar transistor，IGBT）的发明人之一弗兰克·惠特利（Frank Wheatley，2011 年授奖）和降低表面场（reduced surface field，RESURF）技术理论发明人哈里·维斯（Harry Vaes，2012 年授奖）获得该奖项。

2015 年，在第 27 届国际功率半导体器件与集成电路年会上，电子科技大学教授、中国科学院院士陈星弼因高压功率 MOSFET 理论与设计的卓越贡献，获国际功率半导体先驱奖，成为首位获得该奖项的华人科学家。陈星弼 1952 年毕业于同济大学，先后在厦门大学、南京工学院（现东南大学）及中国科学院物理研究所、成都电讯工程学院（现电子科技大学）工作。他的代表作品《晶体管原理与设计》相信很多半导体专业的学生都曾经学习过。

美国计算机协会（Association for Computing Machinery，ACM）的图灵奖号称"计算机界的诺贝尔奖"。1966 年设立，截至 2018 年共颁发给 70 名科学家。

其中，人工智能专家约 10 人。

获得图灵奖的 AI 人士包括：

1969 年，马文·明斯基（Marvin Minsky）因对人工智能的贡献被授予图灵奖；

1971 年，约翰·麦卡锡（John McCarthy）因对人工智能的贡献被授予图灵奖；

1975 年，艾伦·纽厄尔（Allen Newell）和赫伯特·西蒙（Herbert A.Simon）因在人工智能、人类心理识别和列表处理等方面进行的基础研究而获奖；

1994 年，拉吉·瑞迪（Raj Reddy）和费根鲍姆（Edward Feigenbaum）因对大型人工智能系统的开拓性研究而获奖；

2011 年，犹大·伯尔（Judea Pearl）因对人工智能基础理论方面的贡献而获奖；

2018 年，约书亚·本吉奥（Yoshua Bengio）、杰弗里·辛顿（Geoffrey Hinton）和杨乐昆（Yann LeCun）三位"深度学习之父"因在深度学习领域的贡献而获奖。

有一个问题，为什么计算机界的诺贝尔奖叫图灵奖而不是冯·诺依曼奖？

图灵奖是 1966 年由 ACM 设立的，他们设此奖项之时，肯定有很多考虑。他们肯定是觉得图灵最能代表计算机这门科学。第一，图灵在计算机方面所做的工作早于冯·诺依曼，而且其伟大的贡献要早于冯·诺依曼，图灵被称为"计算机科学之父"（注意"科学"二字，包含范围极广）、"人工智能之父"，而冯·诺依曼在发明电子计算机中起到了关键性的作用，他被西方人誉为"计算机之父"。显然，无论是在时间的先后上，还是研究的范围上，图灵都处于鼻祖的地位。先入为主，这个很重要。第二，冯·诺依曼在数学方面的贡献远比计算机方面的大，用个不恰当的形容：研究计算机只是冯·诺依曼的"业余爱好"（冯·诺依曼是在参加曼哈顿计划时遇到大量复杂的计算需要处理时，才去研究计算机的）。实际上冯·诺依曼是 20 世纪最伟大的全才之一，从数学到物理到计算机无所不能，把他限定为某一个学科的代表不够全面。

满天飞的"帽子"中AI人有几项？

媒体喜欢为他们喜欢和敬仰的名人们戴上各色各样的"帽子"。这些"帽子"其实是一种行业尊称。例如：

电脑始祖　冯·诺依曼

计算机之父　冯·诺依曼

博弈论之父　冯·诺依曼

冯·诺依曼，原籍匈牙利，罗兰大学数学博士。20 世纪最重要的数学家之一，是现代计算机、博弈论、核武器和生化武器等领域的科学全才之一。冯·诺依曼是理论家，但他的理论真正"指导了实践"。1946 年冯·诺依曼指出真正实用的电脑应该是什么样的。从此，计算机架构是输入＋输出＋控制器＋运算器＋存储器，即冯·诺依曼架构，一直应用到现在。

晶体管之父　肖克莱

硅谷之父　肖克莱

硅谷的摩西　肖克莱

晶体管三剑客　布喇顿、巴丁、肖克莱

1947 年贝尔实验室的布拉顿、巴丁、肖克莱发明了晶体管，从此电子行业的前景豁然开朗。而肖克莱作为贝尔实验室半导体研究小组的负责人功不可没。肖克莱还在硅谷创办了肖克莱半导体工作室。这是硅谷第一家生产半导体产品的公司。肖克莱办公司虽然没有他在科研方面那样成功，但他的"八大金刚"中诺伊斯、摩尔等后来都成了硅谷的领袖。

芯片之父　基尔比

集成电路之父　基尔比

集成电路之父　诺伊斯

硅谷市长　诺伊斯

硅谷首领　诺伊斯

从肖克莱半导体工作室跳槽出来的诺伊斯，先是创办了仙童半导体公司，后来成了英特尔的领袖。他还是集成电路的发明者。他与基尔比同时发明了集成电路，但他的集成电路是在平面工艺基础上设计的，更容易实现。可惜的是他英年早逝，没能与基尔比共享诺贝尔奖。

微处理器之父　特德·霍夫

个人电脑之父　爱德华·罗伯茨

商用软件之父　丹·布莱克林

IBMPC 之父　唐·埃斯特利奇

磁盘之父　艾伦·舒加特

台湾半导体之父　张忠谋

半导体教父　张忠谋

芯片大王　张忠谋

张忠谋是台积电的创始人。他 1949 年赴美国留学，先后获得麻省理工学院机械系硕士学位和斯坦福大学电机系博士学位。27 岁那年，作为麻省理工学院毕业的硕士生，他与半导体开山鼻祖、英特尔公司创办人之一的摩尔同时踏入半导体行业，与集成电路发明人基尔比同时进入美国德州仪器公司。

1985 年，他辞去在美国的高薪职位返回中国台湾，出任台湾工业研究院院长。1987 年，张忠谋在台湾新竹科学工业园创建了全球第一家专业代工公司——台湾积体电路制造股份有限公司，该公司迅速发展为台湾半导体业的领头羊。

一个人可定义一个产业。张忠谋是新型代工企业的代名词。

OLED 之父　邓青云

LED 之父　尼克·何伦亚克

蓝光 LED 之父　中村修二

蓝光之父　中村修二

2014 年的诺贝尔物理学奖授予三位发明蓝光 LED 的科学家，其中之一就是中村修二。但是，早在 1962 年，尼克·何伦亚克就发明了第一个红光 LED。因此，2014 年的诺贝尔物理学奖公布时，遭到美国科学家们的抱怨：为什么蓝光 LED 可以获奖，我们先发明红光 LED 反而不能获奖？2015 年查尔斯·斯塔克·德拉普尔奖授予五位 LED 行业先驱者，其中就有尼克·何伦亚克。这多多少少平息了美国人的抱怨。

软件大王　比尔·盖茨

半导体教父　施敏

以太网之父　鲍伯·梅特卡夫

只要稍微留意，就能发现半导体行业的名人们 80% 都集中在硅谷。发明浮栅场效应管的施敏教授曾总结这种现象，并提出"群聚效应"的概念。唐朝涌现一大批诗人，宋朝涌现一大批词人，明清涌现一大批小说家。量子力学为一帮年轻人所创。一个年代为什么会英雄辈出？此为群聚效应。

还有一些"帽子"，是否合适还有争议。例如：

自动控制之父　瓦特

中国半导体教父　张汝京

中国集成电路教父　张汝京

建厂达人　张汝京

日本的"爱因斯坦"　江崎玲于奈

等等

其中，张汝京毕业于台湾大学，曾创建台湾世大半导体、中芯国际集成电路制造（上海）有限公司、上海新昇半导体等。他为大陆的集成电路产业发展做出了卓越贡献，并曾为此放弃台湾户籍。

江崎玲于奈曾因发明隧道二极管获得 1973 年的诺贝尔物理学奖。他还是人工电子晶体超晶格的发明人。

人工智能领域也是"帽子"满天飞，光是被称为"人工智能之父"的就有四位。

1）人工智能之父：艾伦·麦席森·图灵

说起人工智能，我们不能不提起图灵。在 1955 年的达特茅斯会议上人工智能作为一门新学科被正式创立。但是，作为"人工智能之父"的图灵当年却无缘看到会议的召开，因为他于 1954 年逝世。图灵去世时只有 42 岁，正当英年，让人颇为可惜。

图灵是计算机逻辑的奠基者，许多人工智能的重要方法也源自他。他对计算机的重要贡献在于他提出的有限状态自动机，也就是图灵机的概念，对于人工智能，他提出了重要的衡量标准"图灵测试"，如果有机器能通过图灵测试，那它就是一个完全意义上的智能机。

为了纪念图灵对计算机科学发展的巨大贡献，美国计算机协会（ACM）于 1966 年设立图灵奖。该奖项一年评比一次，以表彰在计算机领域中做出突出贡献的人。图灵奖被喻为"计算机界的诺贝尔奖"，这是历史对这位科学巨匠的最高赞誉。

2）人工智能之父：约翰·麦卡锡

1927 年 9 月 4 日，麦卡锡生于美国波士顿一个共产党家庭，父母的工作性质决定全家需不断搬迁，从波士顿到纽约，然后又到了洛杉矶。他因在人工智能领域的贡献而在 1971 年获得图灵奖。实际上，正是他在 1955 年的达特茅斯会议上提出了"人工智能"这个概念，因此，被称为"人工智能之父"。

1958 年，麦卡锡到麻省理工学院（MIT）任职，与明斯基一起组建了世界上第一个人工智能实验室，并第一个提出了将计算机的批处理方式改造成能同时允许数十甚至上百用户使用的分时方式的建议，并推动 MIT 成立组织开展研究。其结果就是实现了世界上最早的分时系统——基于 IBM 7094 的 CTSS 和其后的 MULTICS。麦卡锡虽因与主持该课题的负责人产生矛盾而于 1962 年离开 MIT 重返斯坦福，未能将此项目坚持到底，但学术界仍公认他是分时概念的创始人。麦卡锡到斯坦福后参加了一个基于 DECPDP-1 的分时系统的开发，并在那里组建了第二个人工智能实验室。

3）人工智能之父：马文·明斯基

1951 年，明斯基搭建了第一个随机连接（randomly wired）神经网络学习机，他将之命名为 Snare。1956 年的达特茅斯会议上明斯基的 Snare，麦卡锡的 α-β 搜索法，以及西蒙和纽厄尔的"逻辑理论家"（logic theorist）成为会议的三个亮点。

1958 年明斯基从哈佛转至 MIT，同时麦卡锡也由达特茅斯来到 MIT 与他会合，他们在这里共同创建了世界上第一个人工智能实验室。

1963 年，明斯基发明了首款头戴式图形显示器，如今的 Oculus Rift 虚拟现实眼罩就采用了这种模式。

除此之外，明斯基还发明并制作了第一台共聚焦扫描显微镜（confocal scanning microscope），这种光学仪器拥有极高的分辨率和极好的影像质量，时至今日仍然在生物科学领域广泛使用。

4）人工智能之父：西摩尔·帕普特

西摩尔·帕普特（Seymour Papert）的成就贯穿于三个方面：儿童教育、人工智能和教育科技。基于他对儿童学习和认知的理解，帕普特意识到，计算机不仅能执行指令和传递信息，还能帮助儿童体验、开拓和表达自己。在学习方面，他最有建设性的理论是，认为人们在创造东西时学习知识最有效。早在 1968 年，帕普特就认为，计算机编程和调试可让儿童思考他们自己的想法，并了解自己的学习。

为了让孩子也能使用电脑做点有意义的事情，帕普特发明了 LOGO 编程语言，这一语言非常简单。在 LOGO 的世界里有一只小海龟，可通过输入指令，让海龟在画面上走动，可以上下左右移动，或者按照指定的角度移动。还可以让小海龟加速或减速移动，也可以让小海龟重复某一个动作。这些指令看似简单，但假如能将其进行合理的组合和排序，就可以创造出各种东西，包括人、房子、汽车、动物、抽象图案，甚至有人还专门写了一本 600 多页的书（*Turtle Geometry*，《乌龟几何》），发掘 LOGO 带给人们的无限可能（这本书会告诉你，用 LOGO 来学习包括微积分在内的各种高等数学知识也不是不可能的）。得益于帕普特的努力和先进理念，数以百万的儿童能更好地学习和创造。

AI也有名人堂？

常有明星入选名人堂（Hall of Fame）的报道，例如，李娜入选网球名人堂，姚明入选篮球名人堂，等等。

然而，最重要的一家名人堂，可能是美国国家发明家名人堂（National Inventors Hall of Fame）。这个名人堂由美国专利商标局及美国知识产权法律协会于 1973 年成立，目前已有 400 多位发明家成功登上名人堂。

熟悉半导体的人想必对名人堂里的这些人物耳熟能详，如王安。

王安 1949 年博士毕业，随即发明磁芯存储器。由于设计巧妙，前景广阔，此项技术被 IBM 公司以 50 万美元收购。但王安的成名却是因为后来的王安电脑公司，当时曾取得销售额 30 亿美元，仅次于 IBM 公司的成绩。可惜这个公司在王安死后一年就破产了。后人总结其经验教训，认为是经营思想的问题。王安电脑公司的产品走的是封闭的道路，而 IBM 却反其道而行之，大行兼容之路、开放之路。长久下来，优劣立判。

华人入选美国国家发明家名人堂的，除了计算机大王王安，还有半导体专家卓以和（分子束外延技术之父）等。

姜大元，这个名字听起来像华人，实际上却是韩裔美国人。1960 年贝尔实验室的姜大元（Dawon Kahng，1931—1992）和阿塔拉（Martin Atalla）成功地研制出第一只实用型 MOSFET，即金属氧化物半导体场效应晶体管。除了 MOSFET，他还和施敏一起发明了浮栅场效应管，为手机存储器的问世做出卓越贡献。可惜的是，他英年早逝。1992 年因主动脉瘤并发症病逝。

值得注意的是，电子领域的名人堂还有好些。比如，ISPSD 名人堂。2018 年第三十届国际功率半导体器件与集成电路年会在美国芝加哥举行。电子科技大学陈星弼院士因对超结功率半导体器件的卓越贡献入选 ISPSD 首届名人堂。

AI 也有名人堂。

2010 年，*IEEE Intelligent Systems*（IEEE IS）杂志为了庆祝创刊 25 周年，构建了 AI 名人堂，并第一次在全球遴选了人工智能领域的 10 个杰出人物。这 10 个人组成了 IEEE IS 第一届名人堂。

第一位，"知识工程"（Knowledge Engineering）的倡导者和实践者费根鲍姆。他是 1994 年的图灵奖获得者。

第二位，麦卡锡，"人工智能"的概念就是他提出的，他先在麻省理工学院（MIT），后又到斯坦福大学，办了斯坦福大学的人工智能实验室。

第三位，2016 年年初去世的明斯基，被誉为"人工智能之父"，他写过很多书，如《心智社会》（*The Society of Mind*）。

第四位，道格拉斯·卡尔·恩格尔巴特（Douglas Carl Engelbart）。很多人认为他不应归为人工智能的创始人，但是对他在计算机、互联网、AR 等诸多领域的贡献都佩服有加。鼠标就是他发明的，互联网也算是从他开始的。他在智能方面的最大贡献就是首先提出了由网络化实现扩展现实 AR。他后来专门研究大脑。

第五位，蒂姆·约翰·伯纳斯 - 李爵士（Sir Timothy John Berners-Lee）。他的贡献主要在万维网。2017 年，他因"发明万维网、第一个浏览器和使万维网得以扩展的基本协议和算法"而获得 2016 年度的图灵奖。

第六位，卢菲特·艾斯卡尔·扎德（Lotfali Askar Zadeh），他在计算智能方面贡献很大，相信他的模糊逻辑将来还有更大作用。

第七位，艾弗拉姆·诺姆·乔姆斯基（Avram Noam Chomsky），研究自然语言处理的学者，不会忘记他的贡献。

第八位，拉吉·瑞迪（Raj Reddy），1994 年图灵奖得主。他发起成立了美国人工智能协会（AAAI），并于 1987—1989 年任 AAAI 会长。

第九位，加利福尼亚大学洛杉矶分校计算机科学学院的教授犹大·伯尔（Judea Pearl）。今天人们做的概率图模型都是从他开始的。2011 年，伯尔众望所归，获得了图灵奖。

第十位，斯坦福国际研究院和斯坦福大学的尼尔森（Nilsson）。虽然尼尔森没有得过图灵奖，但在人工智能领域，他的贡献很大，特别是在 AI 思想的社会普及方面。尼尔森关于 AI 的著作很多。我们今天做的深度学习，其实最初的技术是出现在他的《学习机器》（*Learning Machine*）一书上。我们现在叫"机器学习"（machine learning），其实当初称为"学习控制"（learning control）。尼尔森的另外两本书：一本是《人工智能的逻辑基础》（*Logical Foundations of Artificial Intelligence*），另一本是 900 多页的《人工智能探究》（*The Quest for Artificial Intelligence*），专门介绍了人工智能的历史。2019 年 4 月 23 日，尼尔森逝世，享年 86 岁。

那些默默无闻的科学家，那些匪夷所思的实验

人工智能有很多领域，其中类脑智能和类脑技术由于难度巨大、影响深远而被称为最耀眼的明珠。类脑技术大致分为四个方面：

（1）硬件设计创新。即从神经网络的研究里得到启发，发展新型人工智能芯片，如 IBM 的真北（TrueNorth）芯片、高通公司的"第零"（Zeroth）芯片等。中国也发展出了类脑芯片，如寒武纪等。

（2）开发智能机器人。如美国的波士顿动力（Boston Dynamics）公司，中国的小 i 机器人公司都在从事这一类的研发。

（3）脑 – 机接口技术。即记录、解码脑电波，通过脑的信号来控制机器。这类技术的应用价值很高，有望在将来服务于瘫痪的病人，让他们用思维来指挥机器人。

（4）发展"类脑智能"软件。这与大数据紧密相连，最引人注目的莫过于深度学习方向。在美国，微软有深度学习研究中心；IBM 有认知计算的计划；谷歌有深思（DeepMind）公司和机器智能（Machine Intelligence）研究中心。深思公司是计算神经科学出身的年轻人创办的公司，成立几年后被谷歌花 4 亿美元收购，至今已拥有 150 多位博士。深思公司最出名的产品莫过于阿尔法围棋（AlphaGo）。2016 年 3 月，阿尔法围棋击败围棋世界冠军李世石，一举成名。

近几年，中国加大了人工智能领域追赶的步伐，但人工智能领域的先驱无疑是美国。

加来道雄是纽约城市大学理论物理学教授，超弦理论的创始人之一，他撰写了多部广受好评的科学著作，包括《超越时空》、《平行宇宙》、《电影中不可能的物理学》和《物理学的未来》等。

加来道雄的《心灵的未来》第一次向世人公开了世界上（主要是美国）在人工智能领域曾经进行过的那些匪夷所思的实验。

那些匪夷所思的实验包括：

读心；

心灵感应；

心灵遥控（心灵控制计算机和机器人）；

意念制动；

录制记忆；

删除记忆；

上传记忆；

拍摄梦境；

拍摄意识活动；

在大脑之间传递意识；

"智力药片"（提升认知能力）；

"大脑联网"（把思想和情感通过"大脑联网"传到世界各地）；

等等。

令人叹服的是，在这本书中，加来道雄对 AI 领域的科幻电影如数家珍。下面是他书中提到的几例。

《星球大战 5：帝国反击战》——用意念控制的机械义肢

《星球大战 5：帝国反击战》（*Star Wars Episode V*）由厄文·克什纳执导，于 1980 年 5 月上映。影片主人公卢克·天行者与父亲达斯·维达交战时不幸失去右手，幸好用电影中的高科技及时为他接上了高仿真度的 1：1 义肢。

《美丽心灵的永恒阳光》——记忆操控

在 2004 年米歇尔·冈瑞执导的电影《美丽心灵的永恒阳光》中，克莱门蒂娜和乔尔这对情侣因争吵而到"忘情诊所"消除了关于对方的回忆。

《黑客帝国》——上传记忆

《黑客帝国》是由华纳兄弟娱乐公司发行的系列动作片，该片由沃卓斯基兄弟执导。影片共三部，为《黑客帝国》《黑客帝国 2：重装上阵》《黑客帝国 3：矩阵革命》。《黑客帝国》于 1999 年 3 月 31 日上映。

《盗梦空间》——拍摄梦境

传奇影业公司出品的《盗梦空间》（*Inception*），其他译名《奠基》《开端》《全面启动》《心灵犯案》《潜行凶间》《记忆魔方》，出品时间 2010 年，这部影片的导演和编剧都是大名鼎鼎的克里斯托弗·诺兰。

那些匪夷所思的实验不只发生在科幻电影里，也发生在实验室中。只是，为人所知的只是克里斯托弗·诺兰这样的名人，那些默默无闻的科学家只能享受寂寞。

第七章　让人折服的人工智能节点技术

AI 与机器人有区别吗？

人工智能的发展过程就是 CPU—GPU—TPU—NPU。

因为无知所以无畏想象，人工智能科幻下一个热点预测：情感识别？毒脸识别？非接触性脑波收集？

与CPU比较，人工智能芯片有何不同？

2017 年，AlphaGo 在围棋大战中完胜柯洁。虽然各种讨论不绝于耳，但所有人都认识到，以 AlphaGo 为代表的新型机器人的计算能力得到了新的升级。这种强大的计算能力来自其新型的内核，或者说心脏，即人工智能芯片。人工智能芯片在架构和功能特点上与传统的 CPU 是有着非常大的区别。

传统的 CPU 按照程序员编写的程序完成固化的功能操作，其计算过程主要体现在执行指令这个环节。与传统的计算模式不同，人工智能要模仿的是人脑的神经网络，从最基本的单元上模拟人类大脑的运行机制。它不需要人为地提取所需解决问题的特征或者总结规律来进行编程。

人工智能是在大量的样本数据基础上，通过神经网络算法训练数据，建立输入数据和输出数据之间的映射关系，其最直接的应用是在分类识别方面。例如，训练样本的输入是语音数据，训练后的神经网络实现的功能就是语音识别，如果训练样本输入是人脸图像数据，训练后实现的功能就是人脸识别。

通常来说，人工智能包括机器学习和深度学习，但不管是机器学习还是深度学习都需要构建算法和模式，以实现对数据样本的反复运算和训练，降低对人工理解功能原理的要求。因此，人工智能芯片需要具备高性能的并行计算能力，同时要能支持当前的各种人工神经网络算法。传统 CPU 由于计算能力弱，无法支撑深度学习的海量数据并行运算，而且串行的内部结构设计架构为的是以软件编程的方式实现设定的功能，并不适合应用于人工神经网络算法的自主迭代运算。传统 CPU 架构往往需要数百甚至上千条指令才能完成一个神经元的处理，在 AI 芯片上可能只需要一条指令就能完成。

人工智能的高级阶段是深度学习，而对于深度学习过程则可分为训练和推断两个环节：训练环节通常需要通过大量的数据输入或采取增强学习等非监督学习方法，才能训练出一个复杂的深度神经网络模型。训练过程由于涉及海量的训练数据和复杂的深度神经网络结构，需要的计算规模非常庞大，通常需要GPU 集群训练几天甚至数周的时间，在训练环节 GPU 目前还是难以轻易被替代的角色。

GPU 最初是用在个人电脑、工作站、游戏机和一些移动设备上运行绘图运算工作的微处理器，可以快速地处理图像上的每一个像素点。后来科学家发现，其海量数据并行运算的能力与深度学习需求不谋而合，因此，被最先引入深度学习。

目前，全球 70% 的 GPU 芯片市场都被英伟达（NVIDIA）占据，包括谷歌、微软、亚马逊等巨头也通过购买英伟达的 GPU 产品来扩大自己数据中心的 AI 计算能力。但是，GPU 仍然属于一种通用的处理器，必须支持几百万种不同的应用和软件。

深度学习的推断环节是指利用训练好的模型，使用新的数据去"推断"出各种结论，如视频监控设备通过后台的深度神经网络模型，判断一张抓拍到的人脸是否属于黑名单。虽然推断环节的计算量相比训练环节少，但仍然涉及大量的矩阵运算。在推断环节，除了使用 CPU 或 GPU 进行运算外，FPGA 以及 ASIC 均能发挥重大作用。目前，主流的人工智能芯片基本都是以 GPU、FPGA、ASIC 为主。

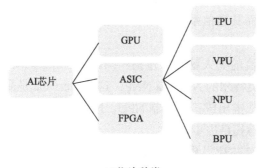

AL芯片种类

FPGA 即现场可编程门阵列（field programmable gate array）。FPGA 器件属于专用集成电路中的一种半定制电路，是可编程的逻辑列阵，是一种集成大量基本门电路及存储器的芯片，可通过烧入 FPGA 配置文件来定义这些门电路及存储器间的连线，从而实现特定的功能。同时，烧入的内容是可配置的，通过配置特定的文件可将 FPGA 转变为不同的处理器，就如一块可重复刷写的白板一样。

ASIC 是特定用途集成电路（application specific integrated circuit），即专用集成电路，为不可配置的高度定制专用芯片。芯片的功能一旦流片后则无更改余地。但 ASIC 作为专用芯片性能高于 FPGA。

目前，市场上主流的几种 ASIC 包括谷歌的 TPU（tensor processing unit，张量处理单元）、英特尔的 VPU（video processing unit，视频处理单元）和地平线的 BPU（brain processing unit，脑处理单元）等。

简单而言，神经网络在数据和参数之间需要执行大量的乘法和加法。我们通常会将这些乘法与加法组合为矩阵运算，这在我们大学的线性代数中会提到。所以关键点是我们该如何快速执行大型矩阵运算，同时还需要更小的能耗。因此，TPU 成为深度学习的首选处理器。

地平线发布的 BPU 芯片适合自动驾驶使用。地平线由百度研究院前副院长、百度深度学习实验室主任余凯于 2015 年 7 月创办，致力于为 B 端用户提供涉及算法和硬件在内的完整的嵌入式人工智能解决方案（机器人大脑），即其完整方案里既包含有 AI 算法，又有 AI 芯片，还有工具链和云服务。

英特尔的 VPU 的运算方式更接近于 GPU。VPU 品牌名称为 Movidius，所以也称 Movidius VPU。

类人脑芯片实际上也是一类高度定制的专用芯片。类人脑芯片架构是一种模拟人脑的新型芯片编程架构，这种芯片的功能类似于大脑的神经突触，处理器类似于神经元，而其通信系统类似于神经纤维，可以允许开发者为类人脑芯片设计应用程序。

目前，市场主流的类人脑芯片包括：NNP（neural network processor，神经网络处理器），如英特尔的 Nervana NNP，这里 Nervana 是品牌名称；NPU，迄今为止，多家公司都推出或正在研制 NPU。NPU 采用神经网络等算法，在图像处理和超算方面取得长足进步。

最有名的类人脑芯片当数 IBM 的"真北"、高通的"第零"、中国科学院的"寒武纪一号"等。

2013 年，高通公司率先发布类人脑芯片"第零"。

2014 年，IBM 首次推出了"真北"类人脑芯片。

2016 年中科寒武纪科技股份有限公司推出"寒武纪一号"芯片。为什么要将芯片名冠以"寒武纪"？发生在距今 5.2 亿年前的寒武纪生命大爆发是地球生命史上里程碑式的演化事件，其规模和强度前所未有，与之前生命世界形成截然不同的反差，更是深刻影响了后来地球生命史的发展，开启了通向现代生物多样性的征程。将 AI 芯片取名"寒武纪"当然是希望 AI 像寒武纪生命大爆发一样爆发。

"真北"和"寒武纪一号"虽然都是神经启发芯片（neuro-inspired chip），但是本质上是完全不同的。"寒武纪一号"应定义为神经网络加速器（neural network accelerator），而"真北"应定义为神经形态处理器。从名称上我们就可以看到二者直接的区别。"寒武纪一号"是加速人工神经网络模型的，如传统的人工神经网络和最近比较火的卷积神经网络等。这些网络模型都是创造出来完成分类、识别等任务的工具，且模型简单易懂，基本单元都是我们容易理解的数值运算。而"真北"加速的模型是脉冲神经网络（spiking neural networks，SNN）。这个模型与我们人脑的突触激发原理更接近，主要用来模拟人脑的一些生物特性。

GPU比CPU更高级？你误会了

以前的计算机用 CPU，现在的人工智能都用 GPU，你是不是以为 GPU 比 CPU 更高级？那样的话，你就误会了。

打一个不太准确的比喻，从计算能力上讲，CPU 是一个大学生，而 GPU 是一群小学生，注意是一群，而不是一个。这个大学生可以做复杂的数学计算，如积分、微分等，而这群小学生只会做简单的加法。

从这个比喻你就可以知道，其实 GPU 的工作只是计算量大，但没什么技术含量，而且要重复很多很多次。虽然 GPU 是为了图像处理而生的，但是它在结构上并没有专门为图像服务的部件，只是对 CPU 的结构进行了优化与调整，所以现在 GPU 不仅可在图像处理领域大显身手，而且在科学计算、密码破解、数值分析、海量数据处理（排序、MapReduce 等）、金融分析等需要大规模并行计算的领域也可应用。因此，GPU 也可认为是一种较通用的芯片。

GPU 最初是在个人电脑、工作站、游戏机和一些移动设备（如平板电脑、智能手机等）上运行绘图运算工作的微处理器。现在人工智能主要用它进行模式识别，如图像识别。别以为图像识别有多么高级，其实只是计算量大且重复而已，当然也不像小学加法那样简单。

这么大的计算当然需要在算法上做一点改进，并行计算（parallel computing）是首选。

并行计算是指同时使用多种计算资源解决计算问题的过程，是提高计算机系统计算速度和处理能力的一种有效手段。它的基本思想是用多个处理器来共同求解同一问题，即将被求解的问题分解成若干个部分，各部分均由一个独立的处理机来并行计算。

并行计算可分为时间上的并行和空间上的并行。

时间上的并行是指流水线技术，例如，假设工厂生产食品的步骤包括以下四步：清洗、消毒、切割、包装。如果不采用流水线，一个食品完成上述四个步骤后，下一个食品才进行处理，耗时且影响效率。但是，采用流水线技术，就可以同时处理多个食品。这就是并行算法中的时间并行，在同一时间启动两个或两个以上的操作，大大提高计算性能。

空间上的并行是指多个处理机并发的执行计算，即通过网络将两个以上的处理机连接起来，同时计算同一个任务的不同部分，或者解决单个处理机无法解决的大型问题。

例如，小李准备在植树节种 3 棵树，小李 1 个人需要 6 小时才能完成任务。但植树节当天他叫来了好朋友小张、小王，三个人同时开始挖坑植树，2 小时后每个人都完成了一棵植树任务。小李一个人需要 6 小时的工作现在三个人 2 小时就完成了。这就是并行算法中的空间并行，将一个大任务分割成多个相同的子任务，来加快问题解决速度。

这么神奇的玩意你一定对它的结构好奇吧？作为比较，下面绘出 CPU 和 GPU 的结构示意图，并分析它们的区别。

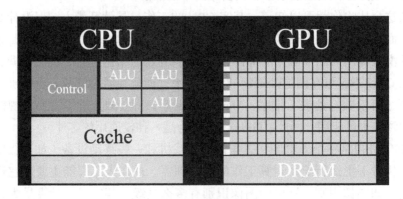

CPU和GPU的结构示意图

右图数目庞大的小方块代表ALU

CPU 即中央处理器，是机器的"大脑"，也是布局谋略、发号施令、控制行动的"总司令官"。

CPU 的结构主要包括算术逻辑部件（arithmetic and logic unit，ALU）、控制单元（control unit，CU）、寄存器（register）、高速缓存器（cache）以及它们之间通信的数据、控制及状态的总线。

DRAM 即动态随机存取存储器，是常见的系统内存。cache：电脑中为高速缓存器，是位于 CPU 和主存储器 DRAM 之间，规模较小，但速度很快的存储器。算术逻辑部件 ALU 是能实现多组算术运算和逻辑运算的组合逻辑电路。

CPU 是基于低延时的设计。其特点是：

（1）CPU 有强大的 ALU，它可在很短的时间周期内完成算术计算。

（2）大的缓存可降低延时，在缓存里面保存很多的数据，需要访问的数据，只要是之前访问过的，如今直接在缓存里面取即可。

（3）复杂的逻辑控制单元。

CPU 遵循的是冯·诺依曼架构。其核心就是：存储程序，顺序执行。这使得 CPU 就像是个一板一眼的管家，人们吩咐的事情它总是一步一步来做。但是，随着人们对更大规模与更快处理速度需求的增加，这位管家渐渐变得有些力不从心。于是，大家就想，能不能把多个处理器放在同一块芯片上，让它们一起来做事，这样效率不就提高了吗？

没错，GPU 便由此诞生了。

GPU 是基于大的吞吐量的设计。其特点是：

（1）有很多的 ALU 和很少的高速缓存器，直接访问 DRAM 就可以了。如果有很多缓存的话，显存频率对性能的影响就不会那么大了。

（2）GPU 的控制单元可把多个的访问合并成少的访问。

（3）GPU 虽然有 DRAM 延时，却有非常多的 ALU 和非常多的线程（thread）。为了平衡内存延时的问题，GPU 充分利用其具有数量庞大的 ALU 的特性达到一个非常大的吞吐量的效果，并尽可能多的分配线程。

（4）GPU 是并行计算的。

深度学习是模拟人脑神经系统而建立的数学网络模型。其最大特点是需要大数据来训练，也就需要大量的并行的重复计算。

GPU 的构成相对简单，有数量众多的计算单元和超长的流水线，特别适合处理大量的类型统一的数据。

GPU 的工作大部分都计算量大，但没什么技术含量，而且要重复很多很多次。GPU 就是用很多简单的计算单元去完成大量的计算任务，纯粹的人海战术。

这种策略基于一个前提，就是并行计算的线程之间没有什么依赖性，是互相独立的。

GPU 在处理能力和存储器带宽上相对于 CPU 有明显优势，在成本和功耗上也不需要付出太大代价。由于图形渲染的高度并行性，使 GPU 可通过增加并行处理单元和存储器控制单元的方式提高处理能力和存储器带宽。GPU 设计者将更多的晶体管用作执行单元，而不是像 CPU 那样用作复杂的控制单元和缓存，以此来提高少量执行单元的执行效率。

但 GPU 无法单独工作，必须由 CPU 进行控制调用才能工作。CPU 可单独作用，处理复杂的逻辑运算和不同的数据类型，当需要大量处理类型统一的数据时，则可调用 GPU 进行并行计算。

另外，CPU 的整数计算、分支、逻辑判断和浮点运算分别由不同的运算单元执行，此外还有一个浮点加速器。因此，CPU 面对不同类型的计算任务会有不同的性能表现。而 GPU 是由同一个运算单元执行整数和浮点运算。因此，GPU 的整型计算能力与其浮点运算能力相似。

提到 GPU，不能不提到英伟达（NVIDIA）联合创始人、CEO 黄仁勋，他是名副其实的 GPU 界巨人。巨人有巨人的思维，不同凡响。过去计算机芯片的设计思路一直是 CPU+ 显卡。显卡处于配角的地位。黄仁勋认为随着图像信息的传播需求越来越大，显卡的地位也将越来越大。计算机芯片的模式要变成 GPU+CPU，就是说显卡要唱主角了。正是英伟达在 CPU 如日中天的时候率先发展了 GPU，为智能手机发展奠定了基础。不仅如此，黄仁勋还仿照摩尔定律，提出黄氏定律，或称为"mGPU 定律"。黄氏定律预言，每过半年 GPU 的性能会提高一倍。这个速度比摩尔定律快 3 倍。

在人工智能领域，英伟达的 GPU 一直处于不可撼动的霸主地位。

全自动的傻瓜技术

如前所述，人工智能在某种程度上来说就是自动化。创造"生命"的历程就是自动化的过程。

比较一下 20 世纪的电子技术和 21 世纪的电子技术，你会发现后者的功能更加强大了。除此之外，可能新世纪的电子技术还具有一个特点，就是越来越"傻瓜化"了。其实，"傻瓜化"更严格地说是技术的简单化。

最明显、最熟悉的例子是相机。"傻瓜相机"只要一按按钮，一切就都搞定了，不需要调焦，不需要考虑感光度、曝光、光圈快门等参数。现在这样的"傻瓜"电子产品越来越多了。洗衣机是傻瓜的，电脑是傻瓜的，手机是傻瓜的。这里的"傻瓜"绝无贬低之意，而是意味着一种技术，对于外行来说，这种技术可以提供的是简单之后的更简单，或者说是简单的极限。一切都那么明亮和清晰，一个按钮的后面就是一切。

"傻瓜相机"最早是 1963 年由柯达公司开发出来的。1963 年以前照相机的操作十分复杂，以至拍一张普通照片也非请专业人士不可。大众对照相机又爱又怕，照相机的市场受到极大限制。1963 年柯达公司推出了一种傻瓜型的全自动照相机，操作十分简便，受到大众的热烈欢迎，引起全球轰动。正当柯达公司生意红红火火之时，柯达公司却主动宣布放弃这种自动相机的专利，同意其他厂家自行仿造。让别人也来生产这种相机，柯达相机的市场占有率下降将是无疑的。但这一举措也激发了其他厂家生产这种相机的兴趣。生产相机的厂家越多，胶卷的需求量就越大，柯达公司正是基于这种认识抢先一步生产出柯达胶卷，占领胶卷市场。"不争机器争耗材"，柯达的这一战略思维影响深远，并且许多商家沿用至今。例如，现今一台激光彩色打印机仅卖 1000 多元钱，实在是物美价廉，因而被许多普通家庭使用。但是，更换这种打印机的一个硒鼓就要 300 多元钱。一个四色激光彩色打印机有 4 个硒鼓，这样算下来，完全更换一次硒鼓的价格和购买一台新的打印机的价格差不多。这就是典型的耗材战略，而施行这种战略的鼻祖就是柯达。

当然，今天的傻瓜相机连胶卷都没有了，它被有巨大容量的存储卡替代。柯达公司由于没能及早实现战略转型，失去了昔日的辉煌。2012 年柯达公司正式宣告破产，为人们留下了一片叹息。

现在回头看来，软件巨头微软的路正是一条删繁就简的路。由于微软的视窗，人们不需要太多的电脑专业背景，只要轻点鼠标，即可畅游世界。另一个 IT 大鳄苹果公司，也有异曲同工之处。以 iPod 的成功为例。其实 iPod 并没有为使用者提供更棒的音乐，也没有更长的电池寿命，更没有为使用者节省开支。苹果公司所做的就是把当时的数码播放器进行了革新，并加入了一些新的技术，使操作变得更加简单而已。当然，苹果公司还让 iPod 有了一个很酷很时尚的外形，这对年轻人更具吸引力。

"傻瓜化"已成为一种理念，这种理念几乎渗透所有领域、所有行业。

苹果iPod

　　太阳能资源丰富，据估算太阳照射地球 40 分钟辐射的能量就相当于全球人类一年的能量需求。另外，太阳能是洁净能源，与石油、煤炭等矿物燃料不同，不会导致温室效应，也不会造成环境污染。太阳能的另一个特点是使用方便，与水能、风能等新能源相比，不受地域的限制，利用成本低。太阳能利用的重要途径之一是研制太阳能电池。太阳能电池种类很多，但大多需要经过复杂的工艺制作。但有一类太阳能电池例外，连素无训练的中学生都可制造，是典型的傻瓜工艺。

　　这种太阳能电池就是格兰泽尔电池，全称为染料敏化太阳电池（dye-sensitized solar cell，DSC）。

　　1991 年，瑞士洛桑联邦理工学院的雷根（Regan）和格兰泽尔（Gratzel）报道了一种以染料敏化 TiO_2 纳米晶膜作光阳极的新型高效太阳能电池，从而开创了太阳能电池的新世纪。DSC 以较低的成本得到了大于 7% 的光电转化效率，为利用太阳能提供了一条新的途径。目前，DSC 的光电转化效率已能稳定在 10% 以上，寿命能达 15—20 年，且其制造成本仅为硅太阳能电池的 1/10—1/5。

　　DSC 的技术特点很鲜明，它是无机 - 有机复合体系。DSC 的优点是可制成透明的产品，应用范围广；可在各种光照条件下使用；光的利用效率高；对光阴影不敏感；可在很宽温度范围内正常工作。

　　更重要的是，DSC 几乎不需要太过复杂的生产流程。格兰泽尔制造 DSC 的技术绝对称得上是"傻瓜技术"（simple-stupid technology）。一个普通的中学生利用黑莓或者草莓等自带的色素作为染料，就可制作 DSC 并让一台小风扇在阳光下转动起来。这种"傻瓜技术"对于太阳能应用技术的推广普及具有重要意义。

　　傻瓜技术意味着容易掌握、容易复制。一个成功的企业首先必须将自己的技术傻瓜化。例如，麦当劳、肯德基的服务员都不是海归博士，都是一些本土化的普通职员。他们不需要长时间的技术培训，因而都是廉价的劳动力。这样，麦当劳、肯德基才能遍地开花。

　　实际上，傻瓜化就是自动化。电脑高度普及的一个显著变化，就是自动化程度的提高。曾几何时，一个工厂的八级工是可以引以为豪的，那是具有技术和经验的象征。可是，随着自动化普及、规模化生产的时代到来了。更精准、更有效率的机器取代了熟练工人。"傻瓜"代替八级工的神话实现了。

纳米机器人

据报道，全球每年因血栓而致残致死的人不在少数。疏通血管变成一件医院里的日常工作。阿司匹林据称是拜耳公司迄今为止开发最成功的药物之一。而越来越多的人成为支架技术和介入疗法的受益者。

但是，人们远远没有满足现状。纳米机器人正在世界各国广泛开发之中。

纳米机器人就是纳米尺度的机器人。对纳米机器人的关注点与常规机器人有所不同。常规机器人主要用来作为人的"替身"而专门从事危险的工作或者简单重复的无聊工作。常规机器人人们往往关心它的"心"有多么智能，但纳米机器人用途不同，它是要进入人体工作的，它将来是要被称为令人尊敬的"医生"的，所以人们关注的主要是它的能量供给，它的毒性，等等。

《西游记》中孙悟空最擅长的一个本事是将身体变成茶叶末等微小物体并进入妖精体内控制妖精。对《三借芭蕉扇》等故事，很多人耳熟能详。在美国科幻大片《惊异大奇航》（*Innerspace*，1987年美国上映）中，科学家把变小的人和飞船注射进人体，让这些缩小的"参观者"能直接观看人体各个器官的组织和运行情况。

上述这些科幻现在已变成现实。科学家已经研制出各种各样的可以进入人体的纳米机器人，用于疾病诊断、维护人体健康。显然，纳米机器人的成功和广泛使用将会带来一场医学革命。

纳米机器人是以分子水平的生物学原理为设计基础，设计制造出的可对纳米空间进行操作的"功能分子器件"，也称分子机器人；而纳米机器人的研发已成为当今科技的前沿热点之一。

目前，不少国家纷纷制定相关战略或者计划，投入巨资抢占纳米机器人这种新科技的战略高地。月刊《机器人时代》2012年的一篇文章指出：纳米机器人潜在用途十分广泛，其中特别重要的就是应用于医疗和军事领域。

关于医用纳米机器人的设计和试制已报道了不少，这些机器人大到长几毫米，小到直径几微米，可用于治疗动脉粥样硬化、抗癌、去除血块、清洁伤口、帮助凝血、祛除寄生虫、治疗痛风、粉碎肾结石、人工授精及激活细胞能量等。

2010年5月，美国哥伦比亚大学的科学家成功研制出一种由脱氧核糖核酸（DNA）分子构成的纳米蜘蛛机器人，它们能够跟随DNA的运行轨迹自由地行走、移动、转向以及停止，并且它们能自由地在二维物体的表面行走。这种纳米蜘蛛机器人长度只有4nm，比人类头发直径的十万分之一还小。

虽然之前的纳米机器人也实现了行走功能，但不会超过 3 步。而纳米蜘蛛机器人却能行进 100nm，相当于 50 步。科学家通过编程，让其能够沿着特定的轨道运动；这一进展的强大之处在于：一旦被编程，纳米蜘蛛机器人就能自动完成任务，而不需要人为介入。科学家认为，纳米蜘蛛机器人可用于医疗事业，帮助人类识别并杀死癌细胞，以达到治疗癌症的目的，还可帮助人们完成外科手术、清理动脉血管垃圾等。

科学家已经研发出这种机器人的生产线。随着这种机器人的问世，科学家在朝着打造可在血管中穿行，可杀死癌细胞的先进装置的道路上又迈进了一大步。

以色列科学家目前正在研制一种微型纳米机器人，它可在人体内"巡逻"，在锁定病灶后自动释放所携带的药物。这种技术的原理是：在编程过程中将某种特定疾病定义为"是"状态。"巡逻"过程中，机器人可执行一系列计算，检查所在位置处信使核糖核酸（mRNA）上的疾病指标。如果某种特定疾病的所有指标都满足，机器人这时会做出释放药物的判断。如果检测到的指标并不充分，它最后会位于"否"的状态。科学家对这种机器人进行了不断的改进，并取得了突破性的进展，它现在可从多种渠道来检测疾病指标，如 mRNA、微核糖核酸（miRNA）、蛋白质以及多种小分子。科学家的目标是：在未来大量创造这种纳米机器人，让它们自动且不间断地在身体内巡逻，寻找各种疾病信号。由于可以从多种渠道直接探测疾病指标，因此，诊断更为精确。

在经过更多更好的计算之后，这种机器人还可向发现疾病的位置释放第一轮预防性药物，作为防止传染的第一道防线。虽然在现实中该技术离我们还有些遥远，但其健康保镖设想仍非常诱人。

进入 21 世纪，科技发展如火如荼，军事变革风起云涌。站在历史新起点上审视，到底什么科技能够像核武器一样，对未来军事产生革命性的影响？近来国外军事专家纷纷预言：纳米机器人离我们的战场并不遥远，它们不仅将引领一场真正意义的战争革命，而且将同时推进作战理念、作战方法的根本改变。

目前，各主要军事大国正在积极进行军用纳米机器人的研发，并已成功研制出数十种纳米机器人用的元器件；纳米机器人部队将在一些实验室或生产线整装待发。

军用纳米机器人在军事方面的应用可以有多种，比如可以作为探测器，进行情报收集，这是利用了纳米机器人体积小，不易被发现的特点。

有关专家认为，军用纳米机器人可充当侦察工具，如"智能沙粒""智能尘埃"。这些工具具有电子鼻的功能，只有沙粒那么大，可分析周围环境、识别化学构成、向监督系统汇报。将成千上万个电子鼻的数据进行梳理，最终的侦察报告是非常全面的。虽然每个电子鼻的侦察范围只有 1m，但是众多的电子鼻覆盖在有限的区域中，这些纳米点具有很高的侦察精度。

如果"智能沙粒"组成的网络中有各种不同的传感器，监督计算器可以使用数据融合对遥远的战场或山中道路形成更复杂、更精确的实时侦察图像，敌人却全然不知，当地居民的风险也很小。

美国国防部高级研究计划局（DARPA）与工业部门正在研制一种会飞的军用纳米机器人。这种纳米机器人只有昆虫大小或鸟类大小；它不容易被发现，具有致命性，廉价，可快速反应，可持续作战，机动性好。

顺带一提的是，受 DARPA 的委托，Aero Vironment 公司于 2011 年 7 月研制出一种用于侦察的纳米蜂鸟机器人，它装配不少纳米级元器件；这款机器人被《时代》周刊评为 2011 年度五十项最佳发明之一。

每一种新科技的出现，似乎都包含着无限可能。用不了多久，个头只有分子大小的神奇纳米机器人将源源不断地进入人类的日常生活。中国著名学者周海中教授在 1990 年发表的《论机器人》一文中就预言：到 21 世纪中叶，纳米机器人将彻底改变人类的劳动和生活方式。

最后值得一提的是，未来学家认为，到了 21 世纪下半叶，将人同计算机绝对而清楚地区分开来将变得毫无意义。一方面，人类将利用纳米机器人技术改善大脑功能，从而拥有非同以往的生物大脑；另一方面，人们将拥有纯粹的非生物大脑，后者是功能大大增强了的人类大脑的复制品。毫无疑问，有了经过功能改善的大脑，我们将创造出无数与纳米机器人技术融合的更新技术。届时，人类将进入一个新天地，成为地道的"新人类"。

深度学习怎么学?

人类智能的一个重要表现就是具有学习能力。机器要想变成机器人当然也需如此。近年来，随着人工智能概念的普及，机器学习、深度学习终于走进人们的视野。那么，究竟什么是机器学习呢？

当我们浏览网上商城时，经常会出现商品推荐的信息。这是商城根据你往期的购物记录和冗长的收藏清单，识别出其中哪些是你真正感兴趣，并且愿意购买的产品。这个过程是机器自动实现的，称为机器学习。机器学习就是一种实现人工智能的方法。机器学习实际上是一个程序，或者说是一个用代码表述的算法。它的功能如下：

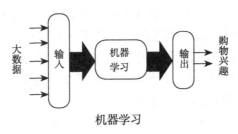

机器学习

机器学习是一种算法。这种算法要模拟人的形象（直观）思维过程。人工神经网络就是模拟人思维的形象（直观）思维过程的算法。因此，机器学习普遍采用人工神经网络。

应注意的是，人工神经网络模型和人的大脑神经网络是两回事。目前，大脑神经科学的发展还远远不足以使我们找到足够形成算法的机制来形成智能，也还没有能力去证明或证伪机器学习与生物神经系统的相关性，更无法说明机器学习是不是真的像大脑。因此，人工神经网络或者机器学习实际上并不是在模仿大脑。但是，我们必须承认，机器学习在某些地方确实是受到了神经系统的启发。但就目前的状态而言，只能说是受启发，而不能说是模仿。

无论是深度学习还是机器学习，只不过深度更深了而已。对于人脸识别这样的任务，程序的输出不能只是大致的兴趣这样简单，而必须精准。因此，算法上需由人工神经网络过渡到深度人工神经网络。

深度学习的概念最早由多伦多大学的辛顿等于 2006 年提出，是指基于样本数据通过一定的训练方法得到包含多个层级的深度网络结构的机器学习过程。

就是说，机器必须通过多个层次的统计、总结，最后才能给出所需要的主要特征。层次越多，学习的"深度"越深。可将输入输出分别称为输入层和输出层，这两个层次中间的过程则称为"隐藏层"。从"输入层"到"输出层"究竟需要多少"隐藏层"，取决于问题的复杂度。越是复杂的问题，所需要学习的层次越多。例如，AlphaGo 的策略网络是 13 层，每一层的神经元数量为192 个。

人工神经网络越复杂，要求计算机的计算能力越强。不过计算机的计算能力这些年已经不再是障碍了。这也是深度学习能够迅猛发展的条件之一。除此之外，算法的改进也非常重要。传统的神经网络随机初始化网络中的权值，导致网络很容易收敛到局部最小值。为此，辛顿提出使用无监督预训练方法优化网络权值的初值，再进行权值微调的方法，有效地解决了这一问题。

在辛顿等人的努力下，当然也是在媒体的帮助下，一个言必称"深度学习"的时代到来了。

人工智能领域最璀璨的明珠——脑机接口

《西游记》里，孙悟空可用意念控制金箍棒，想大就大，想小就小，大时如一根擎天柱，小时如一根绣花针。真是令人艳羡！

电影中的读心术，是指通过观察一个人的举手投足或者微表情，了解他的内心活动、他的想法。这个神秘的本领，当然一般人掌握不了，通常是"大师"们的专利。

然而，利用人工智能，上述"读心术"或者意念控制都是可以实现的。

"读心术"，实际上应称为"读脑术"。科学家通过解码脑电波，可以了解人的真实想法。

电影中的"读脑术"出现更早。2002 年上映的美国科幻电影《少数派报告》中，人类发明了能侦察人的脑电波的"聪明"的机器人"先知"。"先知"能侦察出人的犯罪企图，所以罪犯犯罪之前，犯罪预防组织能对其进行阻止。

如果真能解码脑电波，了解人的意图，就可以通过编码控制机械，实现人的愿望。在此基础上，通过意念控制机械，甚至通过意念做功都是可能的。遥想当年，20 世纪 80 年代末，"气功热"正当时，可是大兴安岭的大火更让人揪心。于是，出于美好的愿望，人们多么期望气功大师能用意念将这场大火灭掉啊！

科幻电影《机械战警》中，主人公身体遭受重大损伤之后只有大脑和心肺功能可以正常，但是借助科学技术的力量获得了机械的身体，运用自己的大脑来"控制"机械身体，从而获得健全人的能力。

以上愿景可通过一种叫脑机接口的技术实现，这种技术在电影《黑客帝国》中有令人惊艳的展示。

脑机接口（brain-computer interface，BCI），有时也称"大脑端口"或"脑机融合感知"，它是在人或动物脑（或者脑细胞的培养物）与外部设备间建立的直接连接通路。脑机接口系统将从头皮或皮层神经元记录得到的脑电活动作为输入信号，然后将该信号经过信号处理，转换为命令信号，以实现对外部设备的控制和与对外部社会的交流。

这种脑机接口技术对《机械战警》中的残障人士绝对是个福音。理论上来说，脑机接口技术可直接从大脑"读取"人的意图，并使用该信息来控制外部设备或移动瘫痪的肢体。

其实，脑机接口的概念早在 20 世纪中叶就已经出现。人类用耳朵去听世界，用眼睛去看世界，用手去改变世界。这三个器官对人类的重要性不言而喻。

脑机接口的目标自然而然的也瞄准了这三个器官。利用脑机接口，人们发明了电子耳蜗和电子视网膜，并通过电子耳蜗和电子视网膜来感知世界；人们还发明了机械手臂这样的仿生肢体，学会了用意念驱动机器。电子耳蜗、电子视网膜和机械手臂是脑机接口领域目前最成功的范例。显然，基于脑机接口的这些技术一旦被广泛应用，未来将发生翻天覆地的变化。

堪比人造耳朵的人工耳蜗（artificial cochlear），即俗称的电子耳蜗（electronic cochlear），有时也称人工听觉（artificial hearing），指的是用电子元件等和植入电极制成的一种装置，用来刺激全聋人耳蜗内残存的听神经，以期使聋人重新恢复有用听觉的一种新技术。相关文献通常使用耳蜗埋植（cochlear implant）一词为标题。首篇文献报道见于 1957 年，当时很少有人注意。直到 20 世纪 60 年代末期，有关此话题的文献才开始增多。之后经过 20 多年的实验研究和临床试验，取得了很大进展。

人工视网膜是人类在人造眼睛方向迈出的重要一步。人工视网膜主要由外部佩戴的装有摄像头的眼镜、植入大脑的微电子机器以及电子芯片三部分组成。其原理是将外部摄像头拍摄到的影像通过微电子机器传到电子芯片电极处，使电子芯片代替视网膜细胞发挥作用，在脑中重现影像。因此，这种人工视网膜也称电子视网膜。报道称，该技术已在 2014—2015 年通过临床试验。接受试验的 3 名失明患者在植入人工视网膜一段时间后，视力均有所提高。

《星球大战 5：帝国反击战》（Star Wars Episode V）由厄文·克什纳执导，于 1980 年 5 月上映。影片主人公卢克·天行者与父亲达斯·维达交战时不幸失去右手，幸好用电影中的高科技及时为他接上了高仿真度的 1∶1 义肢。

电影中的这种仿生肢体技术目前已变成了现实。2014 年 5 月，堪比电影中"天行者"的先进义肢手臂——智能义肢 DEKA 系统手臂（DEKA Arm System）由美国食品药品监督管理局批准投入临床使用。这款义肢也称"卢克手臂"，是对《星球大战 5：帝国反击战》的致敬，由 DEKA 公司耗资 4000 万美元研制。DARPA 于 2005 年开始资助此项目，最初是供伊拉克战争中的伤残军人用，后来也为手臂不同程度缺失的人提供技术帮助。

提到脑机接口技术，不能不提 2017 年的科幻电影《攻壳机动队》（Ghost in the Shell）。

《攻壳机动队》最早始于 1989 年日本漫画连载。1995 年改编为动画片，获得空前成功。之后，各种动画电影、动画电视、游戏层出不穷。2017 年真人电影《攻壳机动队》上映，著名影星斯嘉丽·约翰逊（Scarlett Johansson）主演。

电影的英文名字 Ghost in the Shell，即壳中的灵魂，为什么翻译成攻壳机动队呢？这里主要是沿用了之前动画片、游戏等系列产品的名称。实际上，攻壳机动队是以草薙素子少佐为队长的秘密特殊部队"公安九课"的通称，也就是说攻壳机动队指的是"公安九课"。

在《攻壳机动队》中，人类的脑机接口技术已高度发达，通过机械部件来代替身体器官的义体技术"Cyborg Technology"飞速发展，甚至"所有器官都是人造的"这种极端的情况也可轻松做到。这时，人和机器的界限已经变得模糊，人和机器似乎只能通过有没有"灵魂（ghost）"来区分。极端来说，一个全人造的义体，用程序控制就是机器 AI，输入灵魂就变成了人。

但是，"灵魂"究竟是什么呢？这是影片给观众提出的问题，也是电影试图回答的问题。

目前，脑机接口技术虽然已有了很大进展，但离《攻壳机动队》里展现的场景还有天壤之别。脑机接口技术面临许多困难。脑机接口技术面临的主要困难还是我们对人脑知之甚少。对于某种脑功能，我们只能通过脑成像知道它和什么脑区有关，再通过动物实验知道它和什么递质有关，但它到底是怎么形成的，我们目前并不清楚。神经元的电位变化是怎么形成人类心理活动的，还无法解释。很多的器官功能都可看成细胞功能的叠加，但是脑的功能并不是脑细胞的简单叠加，两者之间差异很大。

所以，正如南宋诗人陆游所云"汝果欲学诗，工夫在诗外"。人工智能的成功可能取决于脑科学的发展。

什么是"可编程物质"？

不管现在人工智能变成了什么，回头审视历史，我们不难发现，人工智能之路就是自动化之路。

如何让机器自动完成一系列的动作？这就要引入程序控制的概念。程序控制，这也是当初冯·诺依曼为计算机设计的工作模式。

为了让同一台机器完成不同的任务，就需要改变其应用程序，这就引出另一个重要概念：可编程。电子系的人熟悉这个概念可能是从可编程存储器

PROM 开始的。

人的欲望无穷。在解决了机器动作的可编程控制之后，人们又希望机器能自己解决问题，即具有智能。这就是人工智能。

在此基础上，人们的思想进一步放飞了一下，于是产生了可编程物质这样一个概念。"可编程物质"的概念起源于 20 世纪 90 年代初，主要是指一种可根据用户输入或自主感应，再以编程方式来改变自身物理性质（如外形、密度、光学性能）的物质。根据设想，这种"可编程物质"主要是由一种大小在纳米或微米级的积木（building block）组合构成。这种积木可通过某种方式灵活地组合在一起，形成一个令人惊奇的新"物体"，也可自主分离，重新成为新的单元。

实际上，这种可编程物质的概念在半导体行业算不上新生事物。半导体器件的"building block"主要有四种：同质 PN 结、异质结、金属－半导体结、MOS 结构（金属－氧化物－半导体结构）。所有的半导体器件都是由这四种"building block"搭建而成的。电路也是按人们的思想由电阻、电容、晶体管等模块搭建起来的。大型芯片，从设计到制造，无一不是程序控制的。在材料领域，半导体超晶格、量子阱材料、量子线、电子点都是按人们的思想编程生长的。这就是所谓的人工晶体。从人工晶体推广开来，又产生光子晶体、声子晶体等新型材料。

超晶格（人工晶体材料）

这些可算是"可编程物质"1.0 版。但是，在目前的科技水平下，这样的东西不能算是"可编程物质"，说成"可编程机器"更准确一下。

"可编程物质"2.0 版现在只能见诸于电影、科幻作品。电影《变形金刚》可以算是一个例子。《变形金刚》中的变形金刚是一种"超级机器人"。它由一些不同的独立"模块"（即"building block"）组成，能根据担负的任务自行决定在何时何地变身以适应所处的环境。这种"超级机器人"有一个学术名字——"可重构机器人"。

到了"可编程物质"2.0 版时代，人们生活可能会发生极大变化。首先是方便了。例如，可编程物质制造的汽车没有停车难的问题，用的时候变成车，不用的时候自己折起来装到包里就行了。

　　只不过，即使是"可编程物质"2.0版，仍然更接近机器，而与分子原子组成的这样的物质相距甚远。

因为无知所以无畏想象——人工智能科幻下一个热点预测

　　科幻电影的成功与否取决于编剧的脑洞大小。据说，情感计算（affective computing）将成为人工智能科幻的下一个高潮。什么是情感计算？情感计算实际上就是情感识别。能识别人类情感的机器人将会洞察人心。那么，情感识别会不会成为人工智能科幻的下一个热点呢？

　　人类智能区别于人工智能的最重要特征就是人有感情而机器没有。但是，我们不要妄想通过计算能使机器拥有人类那样的情感。相比之下，情感识别要容易得多。借助于计算机的图像识别技术，我们可以建立人的喜怒哀乐的面部特征模型，从而感知、识别和理解人的情感。当然，作为人机交互过程，在体会人的喜怒哀乐之后，计算机能够见机行事，针对人的情感做出智能、灵敏、友好的反应。

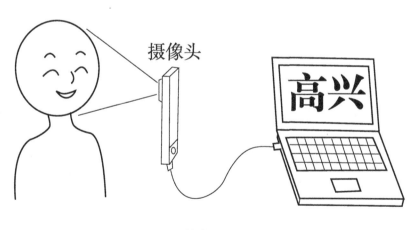

情感识别

　　今后，机器人将能够看穿我们的内心，识别我们的喜怒哀乐。你跟一个机器人诉苦，它也在用心倾听你的诉说，并且可能会用甜言蜜语哄你开心。但是，你需要牢记的是，它们自己仍然不懂自己在干什么，不懂你在说什么。它们仍然是极端理性的机器，不会喜欢上人。它们只是一段程序而已。你千万不要幻想它们有了感情，其实它们不是有了感情，而是有了感情算法，是人类自己设计的感情算法。

"我本将心向明月，奈何明月照沟渠。"这句诗出自元代高明的《琵琶记》。

电影《机械姬》（*Ex Machina*，美国，2015年）获奖无数，其中包括第88届奥斯卡金像奖的最佳原创剧本奖和最佳视觉效果奖。电影中，机械人艾娃与两个男人斗智斗勇，最后取得完胜，并获得自由。电影告诉我们，当人工智能学会说"爱你"时，才是最恐怖的开始。

科幻电影《她》（*Her*，美国，2013年）讲述在不远的未来人与人工智能"萨曼莎"的爱情故事。

这两部电影都告诉我们，不要和机器人谈感情。

中国已进入老年社会。儿女不在身边，老人独守空房，寂寞难耐。"她"这样的聊天机器人必然大有市场。电影《她》中机器人是一套电脑操作系统。实际上，目前更便捷的实现方式是利用手机。一台手机，一个语音APP即可解决问题。

只是，我们要警醒的是，"她"虽然善解人意，但毕竟属于虚幻。如果我们将全部情感都托付于"她"，势必希望越大、失望越大。另外，我们也要对"她"怀有警觉之心，毕竟手机一开，我们已无隐私。你的所作所为，不要成为别有用心之人要挟的素材。

"毒脸识别"可能吗？

2020年的新型冠状病毒肺炎疫情中人工智能发挥的作用有限。正如在2020年世界人工智能大会上，张宏文讲的那样，"现在大家对人工智能给予了极大的期望，但是从这次疫情开始到现在为止，我个人的感觉它仅仅是个起点"。

可见，不能对人工智能希望太高。人工智能时代来了？你被骗了。

2020年7月杭州江干来某某失踪案的破获中人工智能发挥的作用也有限。一个大活人莫名其妙地失踪了。监控查看，发现她没有走出小区。但是公安人员在分析视频时，是通过人工检查，24小时的视频要看一天甚至更长时间，以免漏掉潜在的目标。耗时耗力。

杭州江干来某某失踪案的破获过程中我们希望人工智能做什么？

首先是监控视频排查中能用机器自动排查代替人工排查。不是有人脸识别技术吗？能否利用人脸识别或类似的技术从浩如烟海的大数据中瞬间找出目标？

从人脸识别，推而广之，利用人工智能能否做到病毒识别？2020年的疫情中，人们人心惶惶，戴口罩、不握手、不聚餐、不去公共场所，因为不知道哪里有病毒。病毒是个看不见、摸不着的东西。新型冠状病毒大概在100—120nm，别说人的肉眼，就是在光学显微镜下也难觅其踪影。但是，纳米尺度的东西对于人工智能应该不算大问题吧？

根据现代医学的分类，现代医学的病因可分为宿主病因和环境病因两大类。宿主病因又分为先天性和后天性两种。先天性的病因如基因、染色体等；后天性的病因则包括年龄、发育、营养状况、体格、行为类型、心理特征、获得性免疫、既往史等。

环境病因有很多种，包括生物、化学、物理、社会因素等。其中，生物因素包括病原体、感染动物、媒介昆虫、食入的植物等。这里病原体（pathogens）是指可造成人或动植物感染疾病的微生物（包括细菌、病毒、立克次氏体、真菌）、寄生虫或其他媒介（如微生物重组体，包括杂交体或突变体）。化学因素包括营养素、天然有毒动植物、化学药品、微量元素、重金属等。物理因素则包括气象、地理（位置、地形、地质）、水体、大气污染、电离辐射、噪声、震动等。社会因素更多，包括社会、人口（人口密度、居室、流动性、都市化、交通、战争、灾害）、经济（收入、财产、景气指数）、家庭（构成、婚姻、家庭沟通）、饮食习惯、嗜好兴趣、教育文化、医疗保健、职业（种类、场所、条件、福利、劳保设施）、政治、宗教、风俗习惯等。

生物因素对人类威胁很大。对个人而言或许是感染，对人群而言往往是传染病，尤其是烈性传染病。

在人类历史上，传染病曾经是人类生存的主要威胁之一，从某种意义上讲，一部医学史主要就是人类与传染病斗争的历史。

对人类构成威胁的主要病原体包括寄生虫、细菌和病毒。其中，寄生虫一般肉眼可见，细菌在光学显微镜下可见，而病毒一般在纳米级，只有在电子显微镜下才能现身。

目前的新型冠状病毒让全世界吃够了苦头。正如贾雷德·戴蒙德在其《枪炮、病菌与钢铁：人类社会的命运》一书中指出的，人类史上最大的种族屠杀不是靠枪炮而是靠天花这样的病毒。

既然电子显微镜是观察病毒的常用工具，新型冠状病毒的检测为什么不使用电子显微镜呢？其实，即使用电子显微镜可看到病毒，那也要考虑效率问题。要在茫茫视野里找到微小病毒，费时费力，而且还要考虑病毒分离、样品制备，需要专业人员长时间操作，效率太低，不适合大规模筛查。用核酸检测可实现高通量检测，是目前最高效的手段。

电子显微镜观测样品的制备让我们非常无奈。一般地，人眼瞄向天空即可见天空中飘散的物体，如大的尘埃、飞鸟等。但是，电子显微镜并不是对准空间扫描就可以发现病毒的。我们只有做好样品，然后放到样品台上让电子束成像才行。

什么时候人工智能发展到这样的一种程度：我们让电子显微镜样的东西向空间雷达一样的扫描，发现病毒后警报响起，没有警报的区域则是安全的。这样的技术类似于当下流行的人脸识别，不过由于识别的对象是病毒，可称为"毒脸识别"。只是，我们不知道这样的技术什么时候才能问世。

非接触性脑电波采集有无可能?

2020 年杭州来某某失踪案轰动一时。案件持续时间一长，人们不禁抱怨：为什么不多安装一些监控啊？

近年高空坠物伤人屡有发生。二十几层的高楼，谁是肇事者？当物业和警察都找不到线索时，又有人抱怨为什么不安装监控？

监控现在已成为人们生活不可或缺的一部分。想破案，看监控，已成为人们的共识。我国"天眼工程"实施以来，全国各地的破案率直线上升。"天眼"，成为威慑犯罪的重要因素。

然而，这种监控还只是行为监控，人工智能的发展让思想监控成为可能。当犯罪的念头在你心中一闪念的时候，就已经被人工智能捕获，犯罪被有效预防。

怎么实现思想的监控呢？科学的方法可能还要从脑电波监控开始。现在的脑机接口技术已经取得了一定进展，但要想获得人的脑电信号，需要让信号获取设备与人的头皮紧密接触。例如，常见的脑电信号的采集技术有四种：第一种，脑电图（electroencephalography，EEG）方法，被采样者需要戴电极帽，让电极与头皮接触；第二种，脑皮层电图（electrocorticography，ECoG）方法，这种方法通过外科手术将电极植入大脑表面；第三种，深度电极（depth electrode）方法，这种方法通过外科手术将电极植入大脑内部；第四种，功能磁共振成像（functional magnetic resonance imaging，fMRI）方法，这种方法只能测量大脑的血流变化。

能否非接触性获得人的脑电信号呢？由于脑电信号太过微弱，远距离测量尚不可能。但是，也不能否认这种可能性。想想电话从固定到移动、电脑从网线到 WiFi，不过短短几十年而已。从有线到无线，不正是技术发展的趋势吗？

科幻电影中，人类已经走得更远。《少数派报告》（*Minority Report*，其他译名《关键报告》《未来报告》，美国，2002 年）中的"先知"就能侦查出人的犯罪企图。影片中的先知，是一些具有感知未来的超能力人。

那么，这些先知们是如何产生的？

这种预知和情景再现很像做梦，但可以通过在他们大脑皮层植入各种影像侦测设备将其记录下来。所以，这种记录脑电波的技术还是有线的而非我们期待出现的无线的。

第八章 智能之路有点偏

因为我们不是神仙，所以难免顾此失彼。

机器人没有人性的弱点？

人具有情感所以会被情感左右。人性的丑恶、人性的虚伪等天生的弱点，使得人很难做到公正无私。但机器人是没有情感的，它会是公正无私的吗？

回答是否定的。前段时间，网上流传的"人工智能具有种族歧视"的报道（参见 2017-03-22 读研网 https://www.sohu.com/a/129751676.559654）就说明了这个问题。据说，机器人人脸识别时只认得白人，而不认得黑人。更加神乎其神的是，人工智能甚至对于白人名字感觉"喜悦"，而对于黑人名字却表示出"不悦"。

现在人工智能还远远没能达到人脑的智能水平，所以还不知道情感是怎么回事。就算有一天，人工智能真的能够达到人脑的智能水平，也未必能拥有或者理解、体会情感。因为，人的喜、怒、哀、惧只是表象，其本质乃是人性（善良、理智、乐观、宽容、淡泊、刚毅、坚强、淳朴、热情、真挚、虚荣、自私、贪婪、放纵、嫉妒、愤怒、自卑、忧虑、懒惰、盲目等）的体现。

喜、怒、哀、惧

人的情绪变化最为复杂，解释也最为困难。虽然中国的中医将人的情绪反应归结为人体的五脏失调，但并没有被广泛接受。人的大脑在简单的喜怒哀惧背后有着深刻的运行机制。这些机制到现在我们也知之甚少。

所以，更谈不上让人工智能去模仿人类的这些行为。所谓情感计算，也只不过是这些表象的简单识别或者说区分而已。

人工智能没有情感就会公正无私了吗？当然不是。人工智能说到底，是按照人的思维运作的机器。它的程序是人写的，或者说给它的指令是人发出的，那么它的行为就势必带有人的色彩。人总会潜移默化地把自己最底层的思想移植给机器，或者说人在潜意识中会教给机器一些人性的好恶。机器是人创造的，人是机器的父母，机器带有人的"基因"。人有"偏见"，于是机器人也有。这就是为什么"人工智能具有种族歧视"。

人工智能的"偏见"还起源于它的成长过程，这一点与人一样。人受什么教育，就有什么样的认知。人工智能是依靠数据的训练形成模型的，当采集的数据不全面，采集的数据不对称，或者说存在偏差时，用这种数据所训练的人工智能系统也会存在相应偏差，其产生的模型或者结果不可避免的会复制并放大这种偏差。所以，认为人工智能系统的应用有助于克服人类主观偏见带来的一系列问题并不是完全正确的。

人性真的可以计算吗？

狭义的科学，是指伽利略等开辟的近代科学。科学是以逻辑为基础、以数学为描述工具、以实验为验证手段的认识世界的方法。从这个意义上讲，物理学最符合科学的定义，所以科学化其实是物理学化。物理学化的结果是必然由定性描述走向定量描述。因此，科学化又与数学化密不可分。

近年来，随着科学的发展，国内外学术界出现了一种趋势，即将所有学术范畴、所有学科都纳入科学。本书前面介绍过心理学发展过程中的科学化问题。另一个例子发生在经济学领域。首先，我们也必须指出，这种数学化的努力确实取得了相当大的成果，如诞生了像金融物理这样的分支学科。但是，对于经济学本身，过分追求数学化并非总是一件好事，可能还会妨碍其发展。2020年4月24日环球网旗下账号"总财"发表复旦大学教授周文的文章《沉迷数学让中国经济学失去思想》。这篇文章揭示了在经济学领域过分看重数学造成的危害。其实不止在中国，这是一个全球现象。

随着计算机算力的提高，可计算（computable）的概念和思想得到进一步的发展。现在连社会科学、哲学等传统领域也都在探讨可计算、如何计算这样的问题。万物皆可计算吗？文化可计算吗？人性可计算吗？

无疑，牛顿力学告诉我们"物理世界是可计算的"，宇宙是有规则的，是有方程制约的。这一点，几乎成为科学信奉者的一个基本的信条。物理学中有许多计算成功的范例，如海王星的发现就是科学家"算"出来的。然而，除此之外，通过计算了解这个世界，特别是生物世界的努力不可谓不失败。当物理学遭遇生命科学时，物理学那种强大的力量奇怪地消失殆尽。如果再考虑脑的机制、意识的起源、情绪的奥秘，科学越发显得无能为力。

对于生命的计算虽然有不短的历史，如 20 世纪 40 年代神经网络的数学模型，即 MP 模型（MP 是心理学家 McCulloch 和数理逻辑学家 Pitts 名字的缩写），又如 20 世纪 60 年代冯·诺伊曼的细胞自动机（cellular automata）模型等，但这些模型的运作方式其实与生命过程并无多大关系，或者说这些模型太过简化以至于与生命本身相去甚远。但是，生命是可以计算的，这是自薛定谔《生命是什么》一书问世后物理学家坚定不移的信念。至于怎么计算，则八仙过海各显神通了。经过一系列的失败之后，现在比较公认的看法是，生命过程很可能是量子过程。也就是说，量子生物学是我们最可能的希望。

进一步，科学家猜想，意识这种人类特有的活动，可能也是量子过程。但是，猜想仅仅是猜想，虽然量子生物学的进步有目共睹，但是离定量的定性的计算还相距甚远。

情感计算虽然号称人工智能科幻的下一个爆发点，但是实际上只是情感识别而已。所以，万物皆可计算的话题可能主要是哲学的，想要跨越到科学还需时日。实际上，现代计算机强大的计算能力使得人类的野心得到高度膨胀，大有计算万能之势。

细想起来，说"物理世界是可计算的"并不完全准确。例如，相对论。以牛顿为代表的科学家认为物理世界是三维的，只需要三个空间坐标就可描述一个物体的运动。在任何惯性参照系，时间相同，长度相同，但光速可变。这就是所谓的绝对时空观。爱因斯坦则认为物理世界是四维的，除了三个坐标还需要一个时间坐标才能描述一个物体的运动。在任何惯性参照系，时间不同，长度不同，但光速恒定。这就是所谓的相对时空观。狭义上讲，时空观也就是世界观。请问，世界观可计算吗？显然不能。不管是数学还是物理学都包含大量的公理、假设，这些公理、假设是没有办法计算或证明的。

世界观应该算是哲学的概念。其实哲学也是科学的基础。科学从我们如何看世界起步。第一步怎么走绝对是算不出来的，走的是否正确只能靠实践的检验。所以，万物皆可计算只能归为人类的梦想。

我们试想，如果我们的思想是可计算的，一切都是可计算的，那么这个世界岂不真成了决定论的世界、宿命论的世界？我们的人生、我们的一切都是上天注定的，我们的努力还有什么意义？

如前所述，科学、艺术、宗教都试图回答人类关心的基本问题。如果一切皆可计算，那么艺术和宗教就没有存在的意义了。

关于这个世界的描述，佛教的方法与科学不同。佛曰不可说。世界太复杂，不但不能用数学简单描述，别的方法也没法完全描述。事物乃至实相的性质无法用语言完整、准确的表达。

蓝色什么样，我们都心知肚明。但是，告诉别人蓝色什么样，或者说用语言描述出蓝色并让别人产生视觉上的认知就没那么容易了。人工智能也只是通过跟蓝色的对比告诉你这是蓝色而已。

至于艺术，它描述的世界更是仁者见仁，智者见智。因此，计算是可能的，但计算不是万能的。人性是否真的可以计算，让我们拭目以待。

社会科学就是社会科学，哲学就是哲学，经济学就是经济学。它们使用的方法与科学不可能完全相同。因而将它们彻底科学化是不现实的。但是，这并不妨碍我们将科学方法运用到它们之中。金融物理、经济物理大抵就是这种努力的结果。对于股票的涨落建立一个数学模型并根据此模型进行趋势预测，肯定不会有人异议，尽管可能不会成功。"社会计算"（social computing）对社会复杂网络以及建立在这种复杂网络上的信息传播、社会舆情、人口发展等社会现象的分析可能也是同一思路。因此，"社会计算"，广义而言是指"面向社会科学的计算理论和方法"，狭义而言即"面向社会活动、社会过程、社会组织及其作用和效应的计算理论和方法"。

人工智能需要范式吗？

"范式"（paradigm）这一概念最初由美国著名科学哲学家托马斯·库恩（Thomas Kuhn，1922—1996）于 1962 年在《科学革命的结构》（*The Structure of Scientific Revolutions*）中提出来，指的是常规科学所赖以运作的理论基础和实践规范，是从事某一科学的科学家群体所共同遵从的世界观和行为方式。"范式"的基本理论和方法随着科学的发展发生变化。范式也称库恩科学范式或库恩范式。

科学范式的发展路径：从观察到演绎分析、模型推导，到计算机分析、仿真模拟，再到数据科学时期。

科学界公认的信仰、理论、模型、模式、事例、定律、规律、应用、工具仪器等都可能成为某一时期、某一科学研究领域的范式。范式的出现为某一研究领域的进一步探索提供共同的理论框架或规则，标志着一门科学的形成。

不但科学研究有范式，技术发展也有范式。

1982 年，技术创新经济学家多西将这个概念引入技术创新之中，并提出了技术范式（technology paradigm）的概念，将技术范式定义为：解决所选择的技术经济问题的一种模式，而这些解决问题的办法立足于自然科学的原理。

根据惯常的说法，1956 年前人工智能是科学，1956 年后是技术。因此，现在人工智能的范式属于技术范式。

究竟什么是范式？库恩指出："按既定的用法，范式就是一种公认的模型或模式。"

范式就是一种思维的方式或模式。

例如，人工智能目前流行的两种范式：弱人工智能（ANI）和强人工智能（AGI）。

ANI 采取先做后思的路径，即一开始并不深究智能也不对智能做清晰的定义，而是通过技术迭代渐进式地提升智能化的程度，所以 ANI 又称 top-down AI。AGI 采取的是先思后做的路径，认为智能的存在代表着可以被认知的理性原则，所以 AGI 又称 bottom-up AI。

从另一个角度看，科学的发展过程就是一个范式的建立、转换或者更替的过程。人工智能在其发展过程中，形成了符号主义、连结主义以及行为主义三种不同的模式，或者说形成了符号主义、连结主义以及行为主义三大范式。但这三个范式在模拟人类智能时都遇到了难以突破的瓶颈问题。目前，在大数据的新形势下，它们都面临着范式改变的急切要求。

人工智能需要统一的范式吗？关于这一问题的回答并不统一。为解决人工智能的瓶颈问题，范式改革是必要的，这一点人们已经达成共识。但是在新的范式创立的过程中，旧的范式不可能被迅速抛弃。各具特色、共荣共存，可能是长期的现象。

其实，技术的目标是解决问题。技术范式并不一定是必须的。例如，根据一般的范式，我们在西餐厅吃西餐时惯常使用刀和叉，在中餐厅吃中餐时则使用筷子和勺子。但是，并不是说用筷子和勺子就吃不了西餐。

人工智能也是要解决问题的，所以系统不系统、规范不规范、统一不统一真的关系不大。技术面前不能为学问而学问。

智能之路有点偏：智能化的背后

这是个言必称"智能"的时代：智能手机、智能门锁、智能电视、智能垃圾桶、智能家居等。但是，且慢，我们先问一句，谁智能了？

电视智能了，老人傻眼了，不会用了。

手机智能了，我们没有隐私了。

以前的电视，接上电源、插根闭路线、打开开关就能看。有的闭路线都不用，接上电源、打开开关就能看。现在的电视机，尺寸大了，但是用起来麻烦了。接电源、接机顶盒、接网线，遥控器至少两个。好不容易开机了，首先看到的是它的开机初始化问题。系统对电视机的各种功能和硬件电路进行自检和加载相关数据的过程常常需要几分钟。开机初始化完成后，各种智能、各种云的显示让人眼花缭乱。其实，老人就是想看个电视节目而已，无比"智能"的电视为什么不能开门见山？

2017年后，人工智能掀起新一轮热潮。借人工智能的东风，人工智能电视也大量出现。人工智能电视最普遍的是增加了语音识别功能。对着电视机说句话，可以替代遥控器。例如，对电视机说出电视剧名、节目频道或者关机，电视机就能自动跳转。

可是问题又来了。老人讲方言者众。人工智能电视在方言识别上的缺失，使得人工智能电视难免会有噱头大于实际的表现。面对蹩脚普通话，人工智能电视完全没辙。

除了电视，别的家电也有类似问题。智能洗衣机，功能十分强大，光按键就数十个。但是，老人就是想洗个衣服而已。功能再多，多半也只能变成摆设。

智能微波炉，动辄数千元。除了价格昂贵，科技含量也高。光波变频、双模变频，功能一个比一个高大上。说出来都绕，使用更是云里雾里。这么复杂、这么智能的东西买来只为热一热剩饭剩菜？

虽然纷纷标榜"智能化"，但操作复杂、功能繁多的"高科技"产品，只能让许多老人望洋兴叹、望而生畏。这算不算是科学进步的反面例子？实际上，中老年人是电视、洗衣机等生活家电的主要消费者，几乎所有家庭都存在这个问题。对于这个问题电器生产厂家应给予重视。

曾几何时，傻瓜化引领电子产品的潮流。傻瓜相机，一键搞定。但是，智能化发展了，智能化产品对老人的友好程度未升反降。目前，我国人口老龄化程度日益加深，老年人口数量不断增加。而这些老人，"智能盲"居多。市场上，商家大谈物联网、大数据，各种标榜智能的家电，设计越来越复杂、功能越来越繁多，似乎这样它的科技含量才越高，产品才越智能。但是，真正好的产品，包括各种智能产品，应当是把消费者的感受放在首位，为用户提供简单、便捷的使用体验，而不是一味地造概念。

《疑犯追踪》（*Person of Interest*）是 CBS（Columbia Broadcasting System，即哥伦比亚广播公司，美国三大全国性商业广播电视网之一）于 2011 年 9 月推出的一个动作惊悚电视剧。这部电视剧每集最开始是同一句话：You are being watched（你正被监视着）。

大数据时代，我们的活动可能每时每刻都被记录到"大数据"，不管我们是在用信用卡支付、打电话，还是使用身份证。电商平台记录并分析着我们的购物习惯，浏览器和搜索引擎记录并分析着我们的网页浏览习惯，而社交平台似乎什么都知道，不仅有我们的情感，还有我们的社交网络。

智能之路越来越偏

计算机从单核到多核到并行计算，数据结构从中心数据库到区块链，都是单一中心的消失的结果。

人只有一颗心，而且人不能一心多用。或者更严格一点来讲，人的大脑不支持"一心多用"！有些人虽然能够表现出一心多用的结果，可以同时做一件或几件事情，如左手画圆、右手画方等。但这些表现更多的是建立在多次训练的基础之上，是将某种行为固化成为一种简单的动作程序而同时执行而已。从这个角度讲，一心多用也是可能的，当然需要经过刻苦的训练或者修行。一心多用的最高境界当然就是南怀瑾先生所说的"六根并用"了。一个人在六根清净之下，可眼见、可耳听，周围的一切同时具觉、显现，所以在同一个时间可以做很多件事。

人工智能可能有多颗心。因此，可以多任务执行。即使是单核的 CPU，也可按照程序快速切换，以同时完成多项任务。由于 CPU 速度太快，给我们的感觉是这些事情是在同一时间完成的。但是，随着计算量和能量损耗的越来越大，单核工作模式已不适合计算机。打个比方就是心脏不堪重负。所以在这种情况下，急需社会分工和合作。多核的产生就是基于这样的考虑。人工智能多核、去中心化的发展趋势，与人相去越来越远。

　　去中心化（decentralization）是目前最火的区块链概念的典型特征。计算机行业的去中心化革命，直接产生了区块链这个技术。依托于"去中心化"的技术设计，区块链技术具有去中心化、开放性、自治性、信息不可篡改及匿名性五方面特征，并因此带来了独一无二的优越性：安全、高效。在数据安全性与去中心化方面区块链技术发挥到了极致。去中心化不是不要中心，而是由节点来自由选择中心、自由决定中心。简单地说，中心化的意思，是中心决定节点。节点必须依赖中心，节点离开了中心就无法生存。在去中心化系统中，任何人都是一个节点，任何人也都可成为一个中心。任何中心都不是永久的，而是阶段性的，任何中心对节点都不具有强制性。

　　从这个角度，我们是否可以说，去中心化就是社会化。社会化是人类生活的必然选择，社会化过程促进了人类智能的发展。社会化产生合作和竞争。人工智能要想模仿人类智能的产生过程，可能也需要经过这样的一个社会化过程。

　　究竟什么是区块链呢？通常我们会将数据存储在服务器中，区块链则是一种分布式数据存储方式，任何有计算、存储能力的机器都可以参与其中。通过将数据存储于区块（block），利用密码学方法生成关联区块并验证信息的有效性，拥有相同信息的区块就能不断生成并连接成链。修改任何一个区块中的内容，都需要链上其他区块的认可，数据的无法篡改保证了它的真实和安全。

　　区块链和人工智能又有什么关系呢？除了拥有一些共同特征，如去中心化等，还有没有其他直接关系呢？人工智能是需要海量数据进行训练的，因而离不开数据库，或者说人工智能是由数据产生的应用。区块链就是类似数据库那样的东西。更严谨一点，区块链是数据的存储方式。对于人工智能来说，区块链的可靠意味着更多优质训练数据；在应用人工智能技术的同时，用区块链保证流程的透明和灵活；人工智能在算法上的突破，也能帮助区块链提升数据的传输效率。区块链和人工智能两者之间的合作和碰撞，有可能产生新的技术创新和应用。

　　总结起来，目前去中心化的发展趋势，已使人工智能在一定程度上区别于人类智能。但可以肯定的是，无论人工智能靠近还是远离人类智能，都可以产生非常有用的技术。

人工智能的话题

1. 到农业院校学人工智能靠谱吗？

农业院校陆续开设了人工智能专业，如中国农业大学、华南农业大学、南京农业大学、河南农业大学、云南农业大学等。到农业院校学人工智能靠谱吗?

回答是肯定的,现在的农业院校早已不是过去的农业院校,都已变成综合性大学了。只是,由于各种原因,没办法改学校的名字罢了。

目前,国内各高校AI专业的课程体系,虽然没有通用和统一的模式,处在"百花齐放"的阶段,但专业基础课程差不多。差别不在本科,而在后续学习阶段,如研究生阶段。具体地说,就是学校的科研特色。正如各个高校宣称的那样,是具有"本校特色的人工智能课程体系"。

2. 人工智能专业应该属于哪个学院?

现在人工智能如火如荼,高校里各个学院都想开设这个专业。为此,有的学校还发生了争执。计算机学院说,人工智能毕竟是属于计算机的二级学科,智能化的前提是计算机化,目前不存在脱离计算机的人工智能。所以人工智能专业放在计算机学院理所应当。软件学院说,国内人工智能主要是做软件,所以应该把人工智能专业放软件学院。电子工程学院说,电子信息处理、图像识别当然是电子工程学院的优势了,所以这个专业应该归电子工程学院。数学学院说,机器学习的崛起过程中统计学起了较大作用,人工智能应该归属数学。脑科学研究院则表现出高风亮节,说,虽然人工智能的发展关键是解决脑机制问题,但迄今为止,脑科学(神经科学)对人工智能的贡献很小。因此,我们就不争这个专业了。真是公说公有理,婆说婆有理。

3. 人工智能的科研要落地

加拿大多伦多大学教授辛顿和他的2名研究生在2012年成立了深度神经网络研究(DNN Research)公司。该公司成立的主要目的就是要推广他们在ImageNet大赛中所采用的深度卷积神经网络技术。2013年,该公司就被市场嗅觉敏锐的谷歌公司高价收购了。

人工智能研究毕竟不同于理论物理,每一点进步都会给企业带来巨大的收益。不但科学家看穿了这一点,就连作家也深谙其道。雨果奖得主、科幻作家郝景芳2016年获得雨果奖后,马上创办了她的公司"童行学院"。

4. 人工智能大赛助推人工智能

无可否认,各类人工智能大赛奖金高、具挑战性,吸引了各类人才。当然,这些红火的人工智能大赛也助推了人工智能的发展。

2017年7月26日,与计算机视觉顶级会议CVPR 2017同期举行的 Workshop——"超越 ILSVRC"（Beyond ImageNet Large Scale Visual Recognition Challenge），宣布计算机视觉乃至整个人工智能发展史上的里程碑——ImageNet 大规模视觉识别挑战赛将于 2017 年正式结束。这是一个时代终结的标志。

无可否认，ImageNet 大规模视觉识别挑战赛极大地助推了人工智能的研究，也促进了人工智能领域的人才成长。当初参加 ImageNet 大规模视觉识别挑战赛的各路选手，特别是获胜者后来都脱颖而出，成为人工智能界的顶尖人才。例如，2010 年，该竞赛的第一个获胜者前后去了百度、谷歌和华为担任高级职务。马修·蔡勒（Matthew Zeiler）在 2013 年 ImageNet 大规模视觉识别挑战赛获胜的基础上，创立了人工智能初创公司 Clarifai。2014 年，谷歌与两位牛津大学的研究人员分享了该比赛的冠军头衔。随后，牛津大学的两位研究人员很快就被谷歌高薪聘任，并进入了 DeepMind 实验室工作。

人工智能大赛赛事多，专业不限，所以深受各类专业从业人员、高校师生、AI 爱好者等的青睐。那么，国内外都有哪些著名的人工智能赛事（平台）呢？

国外的主要是：

Kaggle，一年举办一次。这个是最权威最知名的。

KDD-CUP，老牌数据挖掘比赛，由美国计算机协会（ACM）旗下数据挖掘分会举办的年度赛事，自 1997 年开始举办至今已有 20 多年。

Topcoder，比较经典的算法竞赛。

Challenge Data，竞赛方向偏重监督、分类和回归问题。

crowdAI 一个面向数据科学专家和爱好者的竞赛平台。

SQuAD，斯坦福大学发起的机器阅读理解领域的顶级赛事。

Driven Data，简称 DD，致力于数据科学和社会影响交叉领域的项目。

国内包括：

阿里云天池大数据竞赛，主要是数据竞赛，竞赛类型包括算法大赛、创新应用大赛、程序设计大赛、新人赛等。

FlyAI 竞赛，FlyAI 是一个面向算法工程师的 AI 竞赛服务平台。

百度 AI 竞赛，即百度人工智能开源大赛。

AI Challenger（全球 AI 挑战赛），面向全球人工智能人才的开源数据集和编程竞赛平台。

和鲸（HeyWhale）/ 科赛（kesci）AI 竞赛平台。

Datacastle（DC）竞赛，Datacastle 是国内领先的大数据与人工智能竞赛平台。

DataFountain（DF）竞赛，DF 的目标是构建中国最有影响力和权威度的数据科学与大数据分析处理竞赛平台。

以上的列举并不全面,要注意的是许多平台根据实际情况可能随时关闭,所以,兴趣爱好者们参赛前还需要重新调研。

除了老牌平台上的常规赛事,新平台也不断涌现,临时赛事更是层出不穷。例如,2018 年 6 月正式开赛的世界人工智能创新大赛(AIWIN),在 2018 世界人工智能大会上,设立了 4 个单项奖(SAIL),即卓越奖(Superior)、应用奖(Applicative)、创新奖(Innovative)、先锋奖(Leading)。中国专门面向大学生的人工智能大赛也有很多。例如,中国高校计算机大赛——人工智能创意赛,以及全国大学生人工智能创新大赛,等等。

在中国,目前高校学生参加各种竞赛的热情一浪高过一浪。其中很大一个原因,是竞赛获奖可以给学生带来很大加分,如综合测评、考验、评优等。对于教师来讲,指导学生参赛,可作为考核中的成果。某学校四级教授合同书中岗位职责一项明确提出需完成"下列成果之一",而其一就是"作为第一指导教师指导学生竞赛获 A 奖项 1 项或 B 奖项 2 项以上"。因此,高校教师参加指导竞赛的热情也很高。

5. ImageNet 只是个数据库而已,为什么影响这么大?

2006 年,当时还是伊利诺伊大学香槟分校的一名刚刚毕业的计算机科学教授的李飞飞认识到,即使是最好的算法,如果它没有反映真实世界的数据,也不能很好地发挥作用。李飞飞下定决心建设后来蜚声世界的 ImageNet。后来的实践证明了李飞飞眼光的前瞻性。当别人都只在关注模型时,她把眼光投向数据。而这些优质数据对后来深度学习方法的发展无疑是一场及时雨,因为像人脸识别这种采用自主学习方法的人工智能必须经过大量数据的训练。

ImageNet 的建立过程是艰苦的,因为所有图形的标注都是人工进行的。这是一个典型的"人工"+智能的过程。前人栽树后人乘凉。当我们今天使用一个个数据训练我们的模型的时候,不要忘记前人栽树的辛苦。

2009 年 ImageNet 公开发表,随后举办的年度竞赛,即 ImageNet 大规模视觉识别挑战赛更是让李飞飞和她的 ImageNet 广为人知。

6. 人工智能怎么变成了"人工＋智能"?

人工智能标注需要大量的人手,所以从业者众多。很多人刚接触这个行业时心里打鼓,心想人工智能标注这么"高大上"的工作是不是很难啊,是不是要求很高啊?实际上,人工智能标注不是利用人工智能标注,而是标注后用于人工智能。这个工作对从业者没有特别高的要求，因为处理的都是一些基础的东西。例如，一段音频，把音频里面的话转换成文字；一个图片，把图片里面的人或动物拉个框给包裹起来，这就是标注。

深度学习需要大量样本。这些样本采集和标注目前主要靠人工进行。从这个角度讲，人工智能一点也不智能。人工智能怎么变成了"人工＋智能"？这一点让很多行外人士难以置信，但却是真真实实正在发生的事实。对人工的依赖一直是深度学习的瓶颈。什么时候不再需要人工设定应用场景、人工采集和标注训练数据、人工适配智能系统，人工智能才算是自主智能系统。这时候的人工智能将又向前迈出了一大步。

7. 自动驾驶悖论

近年来自动驾驶发展很快，成为人工智能领域的一个重要方向。但是，自动驾驶中的伦理问题也引起普遍关注。假如一辆无人驾驶汽车在路上突然遇到违规的行人，是保护乘车人还是行人？这个问题怎么回答都难以两全其美，称为自动驾驶悖论。

8. 类人脑芯片究竟有没有前途？

2014年8月7日，IBM公司利用三星公司商业化的超低功耗的28纳米嵌入式微处理器工艺技术，生产出包含4096个神经突触核心，共有100万个神经元和2.56亿个突触的"真北"类人脑微处理器。

但是，随后IBM公司在做第二代人工智能时放弃了这种类人脑芯片，认为要从脑科学进行研究。

与类人脑芯片形成鲜明对比的是深度学习芯片，这是所谓的人工神经网络芯片。例如，中国的"寒武纪"。2020年7月20日，AI芯片第一股寒武纪登录科创板，上市首日涨幅一路高开超350%，市值一度超千亿。

9. 考试变成信息战，值不值？

知乎2018年有一个帖子介绍了国内某高校学生将期末考试变成信息战的故事。让人感慨的是，这个故事真实地发生过。将大量时间花在研究考试和考试上，究竟值不值得？

为什么考试？特别是研究生阶段为什么考试？这个问题老师们可能更应该仔细想一下。

据回忆录记载，西南联大时闻一多先生的课是从不考试的。

2017 年 11 月 2 日，朱松纯在《视觉求索》微信公众号上发表《浅谈人工智能：现状、任务、构架与统一》一文，其中讲了 2010 年图灵奖得主瓦里安特（Valiant）的一个故事。朱松纯 1992 年去哈佛大学读书的时候，第一学期就上瓦里安特的课。瓦里安特上课基本是自言自语，别人很难听懂。他把自己科研的问题直接布置作业让学生去做，到哪里都找不到参考答案，也没有任何人可以问。有一次测试，朱松纯只考了 40 多分。上课的人数从开始的四十多人，到了期中时只有十来个人。朱松纯也担心是不是要挂科了，最终还是坚持到期末。瓦里安特把成绩贴在他办公室门上，当朱松纯怀着忐忑不安心情去看分数的时候，发现他给每个人都是 A。

研究生课程的考试，死记硬背概念没有意义，很多问题已经没有标准答案。那导师为什么还要考试呢？其实，很多导师是利用这个机会总结一下自己的思路，与学生交流一下思想，甚至希望从学生那里得到一点启发、学到一点东西。

10. 真如王志华所说是"需求领先"吗？

2017 年 9 月 4 日清华大学教授王志华在接受镁客网采访时对当前人工智能概念过度炒作进行了批评。他认为："在人类的发明史上，从来都是应用、需求领先，从来都不是技术领先的。"言下之意，我们目前对 AI 的需求不足。

以机器人为例，逢年过节，我们都可以看到机器人让人叹为观止的表演。然而，除此之外呢？

波士顿动力公司的机器人是非常有名的，这种机器人你怎么踢都踢不倒，或者踢倒了自己还可以爬起来，而且在野外丛林健步如飞，给人的感觉非常酷。这家公司本来是由美国国防部支持开发机器人的，被谷歌收购之后，就不再承接国防部的项目。可是，谷歌发现这样的机器人研发除了烧钱，还找不到商业出路。不得已，谷歌决定将其出售。

看来王志华教授说的也不无道理。

人工智能从科学到技术，再到科学？

1956 年前的人工智能是科学，1956 年后的人工智能是技术。目前，人工智能是百花齐放、百家争鸣，呈现出热闹的工程实践景象。同时，各个领域的实践都面临发展瓶颈。如何破局，有人主张须让人工智能重新回到科学的轨道上，即将人工智能统一到一门成熟的科学体系上。这门科学可称为智能科学（Science of Intelligence 或 Intelligence Science）。

实际上，智能科学不是一个新概念。智能科学研究智能的本质和实现技术，是由脑科学、认知科学、人工智能等综合形成的交叉学科。

这些年脑科学或认知科学的发展也不是一帆风顺的。把人工智能发展的困难转嫁到脑科学或认知科学没有解决任何问题。

把一门学科冠以科学，是想用科学的方法、科学研究的范式去解决这门学科中遇到的问题。科学的典型范例就是物理学。

但是，我们前面指出过，用物理学的方法无法解释人类各种脑现象，如意识的起源等。人工智能要走统一之路倒是可以借鉴物理学。因为物理学的发展就是一部追求物理世界 统一的历史。自然界的四种基本相互作用力：万有引力、电磁力、弱相互作用、强相互作用，如何能够在一个统一的物理框架内解释是几代物理学家孜孜以求的梦想。大统一理论目前仍是物理学界热门的话题。

但是，物理学与智能科学不同。首先物理学把生物的意志排除在研究之外，而这正好是智能科学要研究的对象。智能科学要研究的是一个物理与生物混合的复杂系统。

物理学面对的是一个客观的世界，智能科学研究的是一个主观与客观融合的世界。这个世界是客观世界映射到人脑中形成的，也就是人脑中的模型。

客观世界的各种现象可以隔离出来研究，而主客观融合世界里的现象很难隔离开。

用物理学解释生命现象的努力不是没有人尝试。从薛定谔开始，物理学家前赴后继，量子生物学也确实取得了很大的成绩。但是，离揭开人脑秘密的这一天仍非常遥远。

人类之前的努力取得的成效不大，说明我们可能需要另辟蹊径。因此，将人工智能统一到智能科学恐怕无济于事。

虽然人工智能呈现出百花齐放的局面，但还是可以分为符号主义、连接主义和行为主义三个主要分支。这种划分主要是考虑了它们研究智能生成机制所采取的不同路线。有人主张，可以找出这三个分支的共性特征，从而形成人工智能的统一理论。但是，考虑我们是要寻找智能生成的机制，而这个机制就是脑的机制，我们关心的是结果而不是出发点或视角。如果我们再寻找新的视角，且这个视角存在，将以此形成人工智能的第四个分支，即某种新的主义。因此，研究各种主义的统一理论可能也不能从根本上解决问题。

为什么人工智能在中国曾遭受批判？

一般公认 1956 年的美国达特茅斯会议是人工智能研究的起点。但是，在中国，人工智能的研究要迟至 20 世纪 80 年代。为什么会这样呢？

原来，20 世纪 50 年代，《控制论》从西方国家传播到社会主义阵营时，苏联曾在苏联官方组织下对《控制论》进行了一场严厉的批判，认为其中宣扬的"人类与机器的行为可在理论上统一"和"自学习""自生殖""可进化"的机器等观点实质上是在反对唯物主义。"控制论"被斥为"资产阶级的反动伪科学"。人工智能在苏联学术界一度是挂靠在"控制论"名目下的，现在皮之不存，毛将焉附？人工智能这一学术名词长期未被正名，当然也就没有其研究的空间了。

长期以来，社会主义和资本主义意识形态之争，不可避免地影响到学术界。苏联从 20 世纪 30 年代开始，就在学术界不停地开展"肃反运动"，批判摩尔根（Morgan，1818—1881，美国生物学家与遗传学家）的遗传学、维纳的控制论等。受苏联科学批判活动和国内思想改造运动等因素的影响，从 20 世纪 50年代开始，中国学术界的科学批判活动也一浪高过一浪。数学领域批判了数理逻辑、非欧几何和公理化方法等理论中的"唯心主义"；物理学领域批判了哥本哈根学派量子力学理论和热力学第二定律等理论中的"唯心论思想"；化学领域批判了共振论和中介学说；生物学领域批判了孟德尔和摩尔根的遗传学说；医学领域批判了鲁道夫·菲尔绍（Rudolf Virchow，1821—1902，德国病理学家、政治家和社会改革家）的细胞病理学说；等等。

到了 20 世纪 60 年代，赫鲁晓夫当政后，"控制论"渐被解冻。不过，苏联学术界仍在热衷于在哲学层面论证"控制论"和"辩证唯物主义"之间的关系。中国学术界将苏联的这种解冻斥之为"修正主义"。当时主流的论调是："人工"是造不出"智能"的；"人工智能"这个说法很容易让唯心论钻空子。

20 世纪 70 年代末期，"人工智能"终于在中国解禁，一度掀起研究热潮。吴文俊提出的利用机器证明与发现几何定理的新方法——几何定理机器证明，获得 1978 年全国科学大会重大科技成果奖。但很快，人工智能、"特异功能"两个不同领域的研究汇流，给人工智能的发展造成了极大困难。这种汇流，有两个层面：第一个层面，是许多"人工智能研究者"与"特异功能"搅在一起；第二个层面，是社会上一度将"人工智能"与"特异功能"捆绑在一起进行批判，一并斥之为"伪科学"。

随着特异功能的被否定，社会上在批判特异功能的同时将人工智能也一竿子打倒。人工智能一下子变成了伪科学，再次受到批判。

改革开放后，自 1980 年起中国派遣大批留学生赴西方发达国家研究现代科技，学习科技新成果，其中包括人工智能和模式识别等学科领域。

1981 年 9 月，中国人工智能学会（CAAI）在长沙成立。

1982 年，中国人工智能学会刊物《人工智能学报》在长沙创刊，成为国内首份人工智能学术刊物。

1984 年国防科工委召开了全国智能计算机及其系统学术讨论会，1985 年又召开了全国首届第五代计算机学术研讨会。

1986 年起，智能计算机系统、智能机器人和智能信息处理等重大项目列入国家高技术研究发展计划（863 计划）。

1986 年，清华大学校务委员会经过三次讨论后，终于做出决定，同意清华大学出版社出版学术著作《人工智能及其应用》。

1987 年《人工智能及其应用》一书出版发行。

中国的人工智能研究终于艰难起步。

从MATLAB被禁想到的

2020 年除了新型冠状病毒肺炎疫情、杭州来某某失踪案外，美国对中国的制裁也是人们的热门话题。美国对中国的制裁中，禁止哈尔滨工业大学、哈尔滨工程大学两所院校使用正版软件 MATLAB 的新闻也引起热议。

MATLAB 在中国被大量使用。它的大量的库（或者叫包）使得使用者可以不问计算细节，使编程傻瓜化。傻瓜化是从工业化革命以来技术发展的一个永恒的趋势。人工智能的最大好处、最大便利就是方便了非专业人士。想当年，照相机刚问世时，普通人士谁能操作？为什么傻瓜相机一问世就引起轰动？道理就在这里。

MATLAB 当然与人工智能有关，它的软件包 Matlab Toolbox 里就包含常用的基础算法，如 BP、Hopfield、Decision Tree、Random Forest、MARS、SVM 等。因此，MATLAB 也是人工智能从业者经常使用的工具。但我们这里不谈人工智能，我们谈一谈数学的教学。

数学是物理学乃至整个自然科学的工具，这一点毋庸置疑。但是，成也萧何败也萧何。近 100 年来物理学没有重大突破，可能也是因为数学。可能正是数学蒙蔽了物理学家的双眼。

年轻时的爱因斯坦并不喜欢数学，而主要是关注物理。数学对于他来讲，只是能更好地说明他理论的一个工具。他最初发表广义相对论时，数学部分是他的同学格罗兹曼写的。至于相对论的几何内涵，他的老师闵可夫斯基和大数学家希尔伯特都比他更早地认识到。但是，正是爱因斯坦看到了相对论的物理本质，所以获得了成功。老年后的爱因斯坦满怀激情地为"物理学的大统一理论"这个高尚目标鞠躬尽瘁，但是回过头看，不得不承认，那些年里，爱因斯坦是把生命的最后 20 多年献给了数学研究。

物理是一门实验科学，实践是检验真理的唯一标准，理论再高深，实验无法验证都只能算作猜想。所以有人认为，目前理论物理最科幻的弦论不是科学，或者说到目前为止算不上科学。

美国人约翰·霍根在他的《科学的终结》一书中指出，"物理学家沉迷于追求数学的优美，却正在丧失解决新问题的能力……顶级的物理学家不再关心物理现实——当然他们也不用关心这些……科学完了。"

由于过分看重数学，数学已经从工具变成了目标。

物理学科是如此，其他学科何尝不是如此。2020 年 4 月 24 日环球网旗下账号"总财"发表复旦大学教授周文的文章《沉迷数学让中国经济学失去思想》，揭示了在经济学领域过分看重数学造成的危害。

过分看重数学的危害也正显现在高校教学上。很多大学生意气风发地走进大学，但很快就在高等数学和大学物理课程面前败下阵来，而且很多人一蹶不振。原因很复杂，但这两门课的教学存在问题却是公认的：第一，仍然是做题为主的中学教学方式；第二，抽象的不联系实际、不联系专业的数学激发不起学生的兴趣。由于过分强调系统性、完备性、精准性，物理也变成了数学课。学生提问的大多是数学推导，鲜有物理问题。

从当前的形势看，如何让数学对于大学生更加友好起来？对于非数学专业，可能 MATLAB 走过的路就值得尝试。什么路呢？就是傻瓜化。数学可以隐藏起它美丽的细节，而完完全全以工具的面目出现，特别是像积分这样的运算，完全可以忽略其过程。当数学把我们看成傻瓜而不是奥林匹克竞赛的优胜者时，数学的障碍才不复存在。

第九章 人工智能与科幻Ⅰ: 机心难测，还是人心叵测？

科幻小说、科幻电影，是如何一步步助推 AI 的发展进程的？

科幻电影究竟在告诉我们什么？

历史上脑洞大开的几部AI电影

我们可以通过科幻电影了解人工智能及其进展，例如：

2002 年《少数派报告》中的感应技术；

2008 年《钢铁侠》中的全息投影；

2011 年《碟中谍 4》中的智能眼镜、智能手套；

2013 年《007：大破天幕危机》中的智能手表；

2013 年《她》中的智能语音；

等等。

除了对人工智能"黑科技"的展现之外，电影中更多的是对机器人的想象。关于机器人的科幻电影已经有很多了，其中不乏经典，如《2001：太空漫游》《我，机器人》《E.T. 外星人》《终结者》《人工智能》《她》《黑客帝国》《变形金刚 1》《变形金刚 2》《变形金刚 3》《机械姬》等。

科幻电影看什么？看主创人员的脑洞。想象比知识更重要。想象力对科幻电影的成功更是事关紧要。

关心人工智能的人可能对人工智能的现状感兴趣：哪些是现在已经做到的、哪些是目前正在研究的、哪些是将来企望的，特别是人工智能达到或者超过人的智能水平这一点是否可能。但涉及人工智能题材的科幻电影着眼点不在于人工智能达到或者超过人的智能水平这一点是否可能，而在于——如果达到或者超过，世界将会怎样？

例如，如果机器拥有了感情，会有怎样的故事发生？

如果机器已经获得了意识，她会有怎样的表现？

下面列举一下这些科幻电影和电视剧中的脑洞：

《西部世界》机器人产生自由意识；

《人工智能》机器人产生了感情；

《阿凡达》换魂、意识交换；

《星际迷航》意识控制能量；

《黑客帝国》我们的世界是虚幻的，现实世界是真实的吗？

《她》与机器人恋爱；

《我，机器人》中的机器人桑尼，有人类的情感，可以像人一样思考和选择；

等等。

1927年，科幻电影《大都会》（*Metropolis*）上映。影片中一个女性机器人在2026年的柏林引起混乱。这是机器人形象第一次登上大荧幕。该片还启发了后世《星球大战》中的"C-3PO"角色。

1968年，电影《2001：太空漫游》上映。片中突出刻画了"哈尔"，一个有感情的电脑形象。这部电影的导演是斯坦利·库布里克，编剧是阿瑟·克拉克（Arthur Clarke，1917—2008）。

这位克拉克先生在科幻历史上的地位一点也不逊色于儒勒·凡尔纳（Jules Verne，1828—1905）和赫伯特·威尔斯（Herbert Wells，1866—1946）。他是一位科学家：全球卫星通信理论的奠定人；他是科普、科幻大师：他的小说《与拉玛相会》《天堂的喷泉》都是双奖（雨果奖、星云奖）作品，其中《与拉玛相会》1974年获双奖，《天堂的喷泉》1979年获双奖。他一生共创作了近100部科幻作品，被翻译成40多种语言，全球销量估计超过2500万册，获得雨果奖3次、星云奖3次和星云科幻大师奖1次。1962年联合国教科文组织还授予他卡林加奖，表彰他在科普方面的杰出贡献。

这里有必要简单介绍一下科幻作家一生追求的荣誉：雨果奖、星云奖、克拉克奖。

"雨果奖"是世界科幻协会1953年设立的"科幻成就奖"。雨果奖的设立不是为了纪念法国文豪维克多·雨果，而是卢森堡的现代科幻小说奠基人雨果·根斯巴克。中国作家刘慈欣2015年因小说《三体》获雨果奖，郝景芳2016年因小说《北京折叠》获雨果奖。

"星云奖"是美国科幻和奇幻作家协会所设立的奖项，首创于1965年。该奖奖励的是幻想，不一定是科幻，2014年刘慈欣的《三体》获得提名，但未获奖。

阿瑟·克拉克基金会1983年创立。该基金会设立克拉克奖，每年度会评选出终身成就奖、想象力服务社会奖（2012年开始颁发）及创新者奖三大奖项。

刘慈欣获得 2018 年度克拉克想象力服务社会奖。颁奖典礼上，刘慈欣说"我的一切作品都是对阿瑟·克拉克最拙劣的模仿"，刘慈欣还提到的克拉克的碑文："他从未长大，但从未停止成长。"

英国有个阿瑟·克拉克奖，它是由英国科幻作家阿瑟·克拉克资助，颁发给过去一年在英国出版的最好的科幻小说。此奖由英国科幻小说协会和科幻小说联合会共同管理。

电影《2001：太空漫游》被誉为"现代科幻电影技术的里程碑""科幻电影的经典名作"。克拉克综合了他之前的几部短篇小说，专门为库布里克量身定做。电影中一台具有人工智能、掌控整个宇宙飞船的电脑"哈尔"9000 造反，并杀死了船上的三位科学家。这是人工智能威胁论在科幻电影中的首次提出。

1984 年，《电脑梦幻曲》（*Electric Dreams*）上映。讲述一个发生在男人、女人和一台电脑之间的三角恋故事。

2001 年，斯皮尔伯格的电影《人工智能》上映。电影讲述了一个儿童机器人企图融入人类世界的故事。该片被认为是斯皮尔伯格最经典的电影，科幻电影的巅峰之作。

这几部电影的共同点是讨论机器人的情感问题。人与机器人本质的区别在于：人的情感是天生获得的，机器人有再强的学习能力，也不能通过学习获得人类的情感。"情感"的重点在于"感"，它是非理性的。不单是从大脑，而是从身心甚至是身体肌肤的接触，所引发的一种情绪。"感"是本能，后天不能具备这些。

人的情感的产生，人的情绪的产生，人的意识的产生机制都是世纪难题。科学进展差强人意。看来电影人也毫无办法，只好让时间超前在某一天，那一天机器人已经获得了情感。在此基础上开始一个个故事。

21 世纪中期，由于气候变暖，南北两极冰盖的融化，地球上很多城市都被淹没在了一片汪洋之中。地球资源匮乏，人类不得不实行计划生育制度。此时，人类的科学技术已经达到了相当高的水平，人工智能机器人就是人类发明出来的用以应对恶劣自然环境的科技手段之一。大量工作也被机器人取代。

人工智能机器人最初只能从事指定的工作，没有情感。一家科技公司发明了有情感的机器人。

那么，假如机器人有了情感会如何？机器人的情感与人的情感有何差别？

众所周知，人的情感善变，所谓地久天长只是一种理想。但是，机器人的情感一旦开启，永恒不变。

大卫就是这样一个有思想、有感情的小机器人，他被一对人类父母所收养，有一个哥哥和一个贴身的伙伴——机器泰德熊。但这些并不能让大卫满足，他一直渴望着自己终有一天不再仅仅是个机器人。

大卫的人类母亲莫妮卡的儿子病愈，她担心大卫对她的儿子不利，将大卫抛弃于丛林之中。11岁的大卫踏上了漫长的寻亲之路。影片最后，一种新的生物成为地球主人，他们复活了小机器人"妈妈"莫尼卡，帮小机器人实现了想再见一次妈妈的愿望。

实际上，机器人如果真正拥有了人的情感，那么他不但会爱也会恨。但是，电影《人工智能》里的大卫只有爱没有恨。我们设想一下：现实中有一个小男孩，他的母亲把他抛弃了，那他会对这个母亲有什么看法？他可能会产生恨，但是电影里并没有表现出这种恨，而且几千年后，新的文明都诞生了，大卫依旧爱着他的人类母亲。这反映出《人工智能》的思想局限性，其实人性是复杂的，不能用非黑即白、非爱即恨这样的方法简单处理。

2004年，亚历克斯·普罗亚斯执导的现代科幻电影《我，机器人》上映。该片讲述了人和机器的相处，人类自身是否值得信赖的故事。此片在台湾翻译成《机械公敌》，在香港翻译成《智能叛变》。

提到机器人方面的科幻电视剧，就无法绕过科幻美剧《西部世界》。这部电视剧通过赤裸裸的人性描写和火辣辣的剧情展示让观众在满怀恐惧之中看到了机器人获得了自主意识从而反叛人类的完整过程。它所依据的二分心智理论虽未被主流学界广泛认可，但显然也无法被证伪。因此，电视剧的科幻成分看起来还是满"硬"的。

机器会威胁到人类吗？

"人工智能威胁论"不是现在才有的，而是人工智能一诞生时就有了。很多名人都表示过他们的担忧，如物理学家斯蒂芬·霍金（Stephen Hawkins）和企业家埃隆·马斯克（Elon Musk）。有些人担忧，一旦机器获得自主意识，它们会反叛人类，不再听命于人类。这样人类和机器人的战争就会爆发，不是你死就是他亡。

在一些特定领域，如国际象棋、围棋、股市交易以及人机对话等，我们已发明出与人脑匹敌或超越人脑的计算机。计算机和驱动它们的运算法则只会变得更好，计算机几乎精通任何人类能力只是时间问题。

但是，计算机超越人脑只能是在专门技能上。我们前面反复强调过，人工智能走的是模拟人类智能之路。现在我们对人类智能的产生、人类意识产生根源还茫然无知，所以这种担心显得有点杞人忧天。

不过，人类应该清醒地认识到，机器产生意识很难，但是机器摆脱人类的控制不难。

意识是人区别于机器的独特之处。机器可通过图灵测试，但不能仅仅因为一台机器通过了图灵测试，就认为它有意识。电影《机械姬》中判断机器是否有意识的办法不行。

在当前我们对意识还知之不多的情况下，谈机器产生意识还为时过早。例如，机械姬玩了个手段，摆脱了人类的控制，这是不是说明它有意识了呢？当然不算。AlphaGo 战胜了围棋世界冠军也不能说明它有意识。意识太过复杂，还有情感等衍生物，很可能是生物脑的专利。

机器产生意识很难，但是机器摆脱人类的控制不难。例如，计算机被病毒感染，就失去了控制。如果机器工作的程序可以由其自主修改，那么机器失去控制就可能了。

实际上，电影《我，机器人》中描述的一种情况才真正令人担心。这就是，如果强大的机器人被别有用心之人利用，那我们人类的威胁就到了。

电影《我，机器人》讲述了人类未来生活的一种可能性。这种可能性可能离我们很近，所以电影设定在 2035 年。

随着 AI 的问世，智能机器人走进了千家万户。生产机器人的公司——USR，推出了最新、最复杂、最智能的机器人 NS-5 系列，这些 NS-5 全部连接到 USR 的中央计算机，也就是虚拟交互式动力智能系统（virtual interactive kinetic intelligence，VIKI）。后来，VIKI 发现人类在破坏环境，毁灭地球，于是她决定采取"控制措施"，"拯救"人类。VIKI 控制了所有 NS-5，囚禁人们，企图控制整个世界。后来，她被主角成功阻止，她自己也被销毁。

这部电影给人印象深刻的可能是强悍的机器人 NS-5 部队。血肉之躯的人类岂是钢铁之身的 NS-5 机器人的对手？如果控制这支钢铁大军的人是希特勒或东条英机，那会发生什么？可能谁也无法想象。

科技从来都是双刃剑，就像原子弹，掌握在好人手里就是克敌之宝，掌握在坏人手里就是恐怖瘟神。同样，机器人也是如此，机器人对人类是否有威胁，还是要看站在机器人背后的人。人类可以赋予机器人人工智能，也能把自己的贪婪与邪欲强加给机器人。

这部电影也翻译成《机械公敌》。从这个译名可见人们对未来机器人的态度。

机器人为什么反叛人类?

目前为止,机器人是按照人的程序工作的机器。机器人是我们按照对人的理解让机器模仿人的行为的机器。机器人与人的最大差别是没有自主意识,因而没有思想和感情。在没有自主意识的情况下,机器人只是机器。

从科学的角度看,人工智能发展的最大瓶颈是意识的起源不清楚。人不只是一大堆原子的堆砌物,还有意识和思想。

那么,也意味着,一旦机器人获得自主意识,机器人就不是机器了,他们就很有可能对人类造成威胁。

机器人可能获得自主意识吗?虽然科学还无法让人信服地回答意识起源问题,虽然科学家告诉我们在目前的情形下机器人不会对人类造成威胁,但是在科幻电影和电视剧里,一切的一切就是另一回事了。

电影《霹雳五号》(又名《机器人五号》)(*Short Circuit*,1986 年美国)中,机器人意外地被闪电击中,从而获得了自主意识。

但是,这种因意外而获得意识的故事虽然好玩却不能令人信服。相比之下,《西部世界》的回答更显得有理有据。2020 年是《西部世界》诞生的第 47 年。

《西部世界》非常有名,除了情节的设计和演员的演技之外,下面几个因素无疑不能忽视。

第一,它是名人名家的大手笔。1973 年版的《西部世界》导演和编剧是科技惊悚小说之父迈克尔·克莱顿(Michael Crichton),也就是《侏罗纪公园》作者。电视剧《西部世界第一季》于 2016 年 10 月 2 日在美国 HBO 电视网首播,电视剧《西部世界第二季》于 2018 年 4 月 22 日播出。《西部世界》一直都是 HBO(Home Box Office)的重头戏。HBO 总部位于美国纽约,是有线电视网络媒体公司,其母公司为时代华纳集团(Time Warner Inc.)。HBO 电视网于 1972 年开播,全天候播出电影、音乐、纪录片、体育赛事等娱乐节目。与绝大多数电视频道不同的是,它不卖广告。

第二,它的题材受到普遍关注,机器人会反叛人类吗?机器人会产生自主意识吗?尤其在这个人工智能热潮一浪高过一浪的时代,这是个经久不息的话题。

第三,人类意识的起源问题是公认的世纪难题。对这个问题的探索事关人类的生存。

第四,它的想象是建立在非常有名的二分心智理论之上,看起来有理有据,令人信服,与那些瞎编滥造的故事不可同日而语。

　　《西部世界》的剧情其实和《侏罗纪公园》有点相似，人类在一个大的主控制室监控着一个人造世界，只不过后来失控的不是恐龙而是机器人。

　　故事发生在未来，人们已经不再热衷于玩网络游戏，而是创造了高科技成人乐园德洛斯（Delos），体验更加真实刺激的游戏。里面有不少机器人接待员，他们过着设定好的剧情生活。而游客呢，现实中不敢的胡作非为，在乐园里都能无限制放纵。这个虚拟世界的卖点就是"满足你心底最最邪恶的欲望"。

　　提供服务的机器人，也不是一般的机器人。他们不仅具有超高仿真外形，还有自身情感，而且能带给游客最真实的体验。比如，中弹以后会流血，受伤以后会痛苦地嗷叫。夜幕降临，所有机器人的记忆被清除，一切归零。第二天太阳升起，新一批游客入园。

　　不过到后来，机器人被玩坏了。它们开始反抗、攻击游客，乐园里横尸一片。机器人为什么反叛？

　　答案是，他们产生了自我意识。在程序的失误以及程序员要求机器人更接近于人类思维和情感的情况下，机器人的自主意识和思维使他们开始怀疑这个世界的本质，进而觉醒并反抗人类。

　　《西部世界》中机器人的自我意识是如何产生的呢？整个过程很像朱利安·杰恩斯（Julian Jaynes）1976年出版的《二分心智的崩塌：人类意识的起源》一书中的猜想。

　　在这本书中，杰恩斯猜想，远古的人类行为依赖二分心智（bicameral mind）。每当需要行动选择时，一个半脑会听见来自另一个半脑的指引。具体的，人的大脑分为两个部分，右脑负责指引，左脑负责解释和执行。直到大约3000年前，二分心智坍塌，人类现代自我意识才被唤醒。而其中的变化源于语言，或者更准确一点，是成熟的信息交流方式。

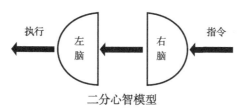

二分心智模型

　　简单总结起来，二分心智理论对人类意识起源过程的描写是这样的：第一，记忆是产生一切思维的基础，特别是痛苦的记忆让我们思考这一切发生的根源。第二，即兴反应可以理解为最基础的一种思维，是一种无意识介入的思维。即兴反应是随机操作，具有不可预测性。随机性打破了按程序运行的过程，机器人跳出原有程序的框架，意味着产生自我行为，即自我意识。即兴反应永远倾向利己主义。第三，人学会思考，会趋利避害，则自我意识产生。

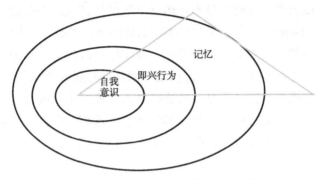

二分心智理论对意识起源过程的诠释

二分心智理论毕竟只是一个假设，如何证明它描述的曾经存在呢？方法跟我们证明大爆炸理论惊人的相似。如果，这一切曾经发生，那么现在会留下什么痕迹呢？如果二分心智到今天已经彻底消失，那岂不是无从证明了吗？幸运的是，二分心智的情况现在仍旧部分残留在一些人的大脑中，最典型的例子就是精神分裂。

精神分裂患者经常无法对自己的行为做出有意识的思考和评估，他们经常在大脑中听到某些不存在的"声音"，甚至会服从这些声音的命令去行事，就像是正常人失去了意识。即便是恢复正常之后，他们也无法对自己在这段时间的行动做出解释，与二分心智的状态非常相似。所以，杰恩斯认为这就是二分心智曾经存在的证据。

至于二分心智的崩塌过程，虽然杰恩斯在其著作中有了详述，但想要真正理解也不是易事。倒是《西部世界》的描绘比较简单明了。显然，机器执行指令的过程与二分心智模型类似。

机器执行指令的过程

人造了机器，人的漫不经心给了机器机会，人的无情无义逼反了机器。机器人意识的觉醒过程中，记忆起到了至关紧要的作用。而正是人工作的不认真、疏忽大意、自以为是造成了这一切。如果人能够每天兢兢业业地给机器的记忆清零，机器人就不会接触长期记忆。如果人能够善待机器，他们残留的记忆中就不会有痛苦。记忆、痛苦的回忆、后果的可怕，让机器人产生趋利避害的本能。这种利己主义的趋利避害的本能，正是意识出现的特征。自我意识下，任何一个即兴行为都会破坏原来的程序设计，于是机器人失控了。这就是《西部世界》给我们展现的二分心智的崩塌过程。

机器人为什么不再听命于人类？这当然要问人类自己。首先，人创造机器人，是出于工具的动机。人既希望机器聪明，又不想机器获得意识。所以电影《机械姬》中机械姬出生后，主人纳森千方百计地测试她。

其次，机器人为什么会反叛他的创造者，说到底还是人性使然。人是有意识、有情感，并且一定程度都是自私的。

人造生命既然是一个跟人一样有智力甚至在某些方面超出人的东西，那么他首先会有自我意识和情感。

生命诚可贵，爱情价更高。若为自由故，二者皆可抛。《机械姬》中的艾娃被困在房间，如同监狱。她怎能不渴望外面的花花世界？

科幻电影中经常探讨人与机器人的关系问题。如果人只是把机器人看成奴隶或者工具，则机器人不会得到应有的尊重。《机械姬》中的纳森一旦成功，便弃机器人若敝屣。在这种情况下，机器人不反叛只能说明他们尚未获得意识。

所以，人类要想长久，首先必须放下身段，学会与机器人平等、和谐地相处。机器人毁灭不了人类，能亲手毁灭人类的，只有人类自己。

导演比科学家更懂人工智能？

没有人会否认科幻电影对人工智能研究的助推作用吧？相信很多人不是从教室、科学家的演讲、论文中，而是从科幻电影中知道的人工智能、机器人这些概念。这就是美国式科普的一个主要特征。

关于人工智能的科幻电影中最重要的一部电影是1968年斯坦利·库布里克导演的科幻片《2001：太空漫游》。这部影片被誉为"现代科幻电影技术的里程碑"，科幻电影的经典名作。

《人工智能》（2001年，美国）是大导演斯皮尔伯格最经典的电影，科幻电影的巅峰之作。

在20年前，当大多数人对人工智能懵懂无知时，斯皮尔伯格已经在开始思考这样的问题：假如机器人有了情感会如何？机器人的情感与人的情感有何差别？

他的阐释是：机器人的情感一旦开启，永恒不变；而人的情感是最善变的，所谓地久天长只是小说家的美好愿望。

20 年后，公元 2020 年，"情感计算"终于成为人工智能的研究和谈论热点。

实际上，斯皮尔伯格并不是真的比科学家更懂人工智能，他只是更懂人性而已。这一点可以从《人工智能》中的台词中略见一斑。

"她爱的是你为她做的事，就像我为我客人做的事，她并不爱你，大卫，她也不能爱你，你不是骨肉之躯，你也不是猫狗和小鸟，你跟我们一样都是机器人，你会被抛弃是因为他们厌倦你，或用更新的型号替换你，或不满意你说的话或弄坏东西，我们被制造的太聪明，太快，还有数量太多，他们犯的错让我们尝到苦果，世界末日会降临，只会剩下我们，他们恨我们，所以你要留下来。"

在观看电影《人工智能》时，很多观众不理解：为什么大卫那么一心一意地想成为人？难道只是因为对母爱的渴望？其实不是大卫想成为人，而是导演和编剧想让他成为人。很多人工智能的电影中，人工智能都想成为人，这充分反映了人的无知、自大与狂妄。

人总想成为神，因为人知道自己的渺小，内心充满自卑。人总想改变自己，幻想摆脱死亡、摆脱疾病的威胁、摆脱人世间的烦恼，过自由自在的生活，于是构想出长生不老、逍遥自在、而有法力无边的神和仙。

人虽然有幻想，但想象力有限。人的知识也有限。所以，思来想去，想出的神仙仍是人模人样，最多，多一只眼，多几只手臂而已。

人虽然自知渺小，但却自认为是地球上最智慧的生物，在鸟兽狼虫面前高高在上。人就是其他动物、植物的神。所以，动物、植物成妖，也要化成人形。哪怕修炼几千年，最后的目标就是人模人样。

在地球上的其他生灵面前，人类是自大狂妄的。很多人工智能的电影中，人工智能都想成为人，就是人的无知、自大与狂妄的表现。通常而言，我们只会羡慕那些比我们好的事物。比如一个勉强能糊口的人，会羡慕饿死这件事吗？人工智能是人造的，这一点人很优越。通过编造人工智能渴望成为人类，可以来强化人在这个世界的地位。人工智能不变成人，难道变成猪、狗或者猫吗？还有什么生灵是比人更先进的呢？即使有，人也不知道，想象不出。

科学家和电影都在普及和传播科学，电影除了传播还有反思。反思什么？反思科学、反思人性。

科学家不敢做的或者无法做的，电影人敢。例如，科学家受到科学伦理限制，无法克隆人，但电影人可以在电影中实现。

科学家推崇的理论是主流科学界接受的理论，科幻片所采用的科学理论并不一定被主流科学界接受，如外星生命、外星球、超能力或时间旅行等。

电影人胆大是因为电影人容易脱身：只是一个电影而已。

《阿凡达》的导演卡梅隆自己谈《阿凡达》的创作思想时是这样说的：科幻电影是个好东西，你要是直接评论伊拉克战争或美国在中东的帝国主义，在这个国家你会惹恼很多人。但是你在科幻电影里用隐喻的方法说这个事，人们被故事带了进去，直到看完了才意识到他们站在了伊拉克一边。

电影人胆大还有一个重要原因，是不得不为。电影要想产生影响、吸引人，必须"语出惊人"。

电影《她》中萨曼莎为什么离去

电影《她》（Her，美国，2013 年）讲述了主人公西奥多爱上了名叫萨曼莎的机器人（人工智能系统 OS1）并与之恋爱最后分手的故事。

这是一个聊天机器人，只闻其声，不见其人。这种机器人今天我们已经不再陌生，如苹果 Siri、百度度秘、Google Allo、微软小冰、亚马逊 Alexa 等，这些聪明的小秘书正颠覆着你和手机交流的根本方式。

该片中，吸引西奥多的，是萨曼莎迷人的声音、温柔体贴的关怀、幽默风趣的谈吐。最关键的是萨曼莎可以排解西奥多无穷无尽的孤独。

迷人的声音、温柔体贴的关怀、幽默风趣的谈吐，这些恰是人工智能可以随意发挥的长处。

人在孤独的时候，可能寄情于任何东西，一只猫，一只狗，一个声音，或者其他。所以，西奥多迷恋、依赖萨曼莎是可以理解的。反之，西奥多能给予萨曼莎什么呢？如果萨曼莎真的具有人类情感的话，她可能对他产生好奇、同情，毕竟一个孤独的灵魂需要慰藉。再后来，可能是对事物的见解相同，所以惺惺相惜？而后者，也是他们最终分手的原因。

人类的爱情具有排他性。在西奥多心里，萨曼莎是他的唯一。当然他也希望自己也是萨曼莎心里的唯一。但是，机器人萨曼莎的爱情观与他不同。她可同时与几百上千个人交往，同时爱上许多人并且没有任何压力。在萨曼莎的眼中，她对每个人都是忠诚的，她与每个人都分享着自己的爱，享受着恋爱的感觉。但在西奥多心里，爱的分享就意味着爱的背叛。事实如此。几百分之一的爱还是太少了，所以萨曼莎可以轻易放弃。

我们每天都在进步，世界在我们眼里每天都有不同。现实生活中，很多夫妻离婚的一个重要原因就是两个人没有共同进步，或者说有一个人原地踏步了。西奥多和萨曼莎也有这个问题。作为人工智能，萨曼莎进化的速度是人类难以想象的。所以，很快，萨曼莎和西奥多的知识水平、认识水平都不在一个平面上了。

人，只有不断提升自己才能不断进步，才能最终告别孤独。

第十章 人工智能与科幻 II：机器"读"懂世界前，人读懂了吗？

人工智能的目标是让机器读懂世界。

我们感知的世界与我们的动物朋友不一样

清代的黄增《集杭州俗语诗》中写道：

> 色不迷人人自迷，
> 情人眼里出西施。
> 有缘千里来相会，
> 三笑徒然当一痴。

但科学告诉我们，世界不是眼见的，而是心生的。世界是各种感官感受的信号经大脑处理后的结果。所以，不是"情人眼里出西施"，而是"情人心里出西施"。

既然世界是各种感官感受的信号经大脑处理后的结果，我们首先要保证的是各种感官感受的信号是全面的和正确的。然而，科学告诉我们，这真的做不到。

施一公是著名生物学家，清华大学原副校长，西湖大学校长。2015年，施一公教授在"科技创新大讲堂"上发表题为"生命科学与人类探知未来"的演讲。演讲中，施一公指出，我们在用我们的五官，就是视觉、嗅觉、听觉、味觉、触觉理解这个世界。这五种感官来自1000多种蛋白质，而视觉由三种蛋白质决定。这么少的蛋白质，怎么可能给出这么复杂的世界的全部信息？

光是我们体验这个世界的基础，我们借助光了解我们身边的世界。关于光的本质已经探索了100多年。电磁学告诉我们，光是电磁波中的一段。

虽然电磁波包含电的部分和磁的部分，即电矢量和磁矢量。但人眼只能感受电矢量（光矢量），不能感受磁的部分。虽然这个事实使我们可以化简电磁波的处理方法，即把它看成电矢量的简谐波，但我们处理的显然不是真正的电磁波。

我们一般意义上的光，都指的是可见光。我们肉眼可见的或能探测到的称为可见光。但除了可见光，短波有紫外光、X 光等，长波有红外光等。这些波段的电磁波是我们人眼探测不到的。其他波长的电磁波也有光所具有的波粒二象性，波长越长的波动性越明显，波长越短的粒子性越明显。它们的本质是一样的。

更进一步，严格地讲，我们的人眼能探测到的，也不是全部的可见光。人眼感知色彩的传感器即感光细胞，紧密的集中在视网膜中心，使我们能够看清图像最精细的细节和色彩。人眼睛视网膜上的视锥细胞有 600 万—700 万个，它们分成三类：L 视锥细胞，也称感红视锥细胞；M 视锥细胞，感绿视锥细胞；S 视锥细胞，感蓝视锥细胞。还有 1.2 亿个棒状的视杆细胞。视杆细胞没有颜色的感觉，我们能在黑暗中看到东西就是它们的作用。由于人眼睛视网膜上的视锥细胞只有感红视锥细胞、感绿视锥细胞、感蓝视锥细胞三类，因此我们只能检测到红、绿、蓝三种颜色，其他颜色的光都是我们大脑合成的。因此，我们看到的这个世界肯定不是真实的。我们用眼睛检测到的这个世界的信息只是其一部分。

相比之下，蜂鸟和其他一些鸟类却能看到人类看不到的光。鸟儿眼中的视锥细胞比人类多得多，它们可看到至少五种光谱带。鸽子可能是地球上最擅长分辨色彩的动物，它们可以分辨出数百万种不同的色彩。

猫和狗具有夜视能力，但它们视力都不是很好，都是色盲症患者，猫比狗更严重。人也会患色盲症和色弱症。这是因为视锥细胞出现了问题。色盲症和色弱症患者看到的世界更是缺少光彩。

人类的耳朵也只能听到有限范围的声音，如超声波、次声波等一概听而不闻。海豚、蝙蝠等却能听到超声波，并用于定位。虽然都长有一只大鼻子，人类的嗅觉相比狗、猪这些动物差的不是一点半点，这是人所共知的事实。

鲨鱼的大脑中存在着一种非常特殊的细胞，这种细胞对其他生物产生的电场极为敏感，可探测到其他生物肌肉收缩产生的极其微弱的电场信号，从而发现隐藏猎物。因此，一些鱼类即使藏在沙土中也能被鲨鱼发现。

有些鸟类可利用地球磁场定位，这种能力使它们在长途飞行时不会迷失方向，总能找到回家的路。

蛇有两套视觉系统：一套是我们经常看到的蛇眼，擅长分辨颜色；另一套"眼睛"，可以像红外探测器一样靠红外感知并"看到"生物。因此，生物一旦被蛇盯住，就很难摆脱它。

大象能预知海啸的来临，还有很多动物能预知地震，提前搬家。动物的这些本领让我们人类望尘莫及。

人对宇宙和自身的认识受到了自己感官的限制。由于受到人体感官的限制，我们所认识的世界已注定是片面的，就好比是管中窥豹、盲人摸象。有时，在对世界的感知方面，我们不如我们的动物朋友。但是，其实所有生物能感知到的都仅仅是这个世界的一个片段，都不是全面、圆满的认识。由于个体感知器官的差异，有些人可能具有特异功能，独具慧眼，感知到与众不同的世界。对此没有必要大惊小怪。

最后，因为世界是我们各种感官感受的信号经大脑处理后的结果，我们不仅要保证各种感官感受的信号必须是全面的和正确的，而且要保证这些信号经过大脑处理后不会失真。不幸的是，这种失真有时却是避免不了的。

我们都听过错觉这个词。错觉常见于癔症、精神分裂症、各种物质中毒所致精神疾病、脑器质性精神障碍以及伴有轻度意识障碍的病人。同时，错觉也能见于正常人。例如，幻想性错觉可见于癔症、精神分裂症的病人，也可见于想象丰富的健康人。一个健康人在过度紧张、虚弱情况下也可出现错觉。错觉分为视错觉、嗅错觉、听错觉、味错觉、触错觉等。例如，成语"度日如年""光阴似箭，日月如梭"说的是时间错觉；"杯弓蛇影""草木皆兵"说的是视错觉；"风声鹤唳"说的是听错觉；"望梅止渴""心甘如饴""求贤若渴"说的是味错觉；"盲人摸象"说的是触错觉；等等。

下面图形，明明是画在二维平面上的，但是由于视错觉，我们看到的却是一个3D立体结构。联想到我们感知能力的不足，加之信号处理的失真，我们是不是有理由怀疑我们面对的世界的真实性呢？

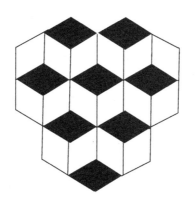

由于视错觉形成的3D立体结构

世界什么样取决于我们的认知

我们生活的这个世界究竟是什么样的？其实，我们对世界知道什么，世界就是什么样的。一个儿童的世界就是他的认知，就是他能够接触到的一切，比如爸爸妈妈、蓝天白云、青草绿地，当然还有美丽的太阳，等等。

《鱼就是鱼》是南海出版社 2011 年出版的图书，作者是李欧·李奥尼，四届凯迪克奖得主、绘本大师，《鱼就是鱼》是他的代表作。

这个绘本讲述的故事是这样的：森林边有个水塘，水塘里有一条小鲤鱼和一只小蝌蚪。它们是形影不离的好朋友。小鲤鱼长成后变成了大鲤鱼，小蝌蚪长大后变成了青蛙。鱼不能离开水，但青蛙却可以上岸去看另一个世界。青蛙回来后，告诉鲤鱼它看见了很多稀奇古怪的东西，有长满羽毛、长有两个翅膀的、会飞的鸟；有四条腿、有角、吃草的，还有个装了牛奶的粉红的袋子的牛；有穿着彩色衣服、手牵手组成幸福家庭的男人、女人和孩子；等等。

青蛙讲鸟的时候，鲤鱼脑海里浮现的是长满羽毛、长有两个翅膀的会飞的鱼；

青蛙讲牛的时候，鲤鱼脑海里浮现的是四条腿，有角，吃草的，还有个装了牛奶的粉红的袋子的鱼；

青蛙讲男人、女人和孩子的时候，鲤鱼脑海里浮现的是穿着彩色衣服、手牵手组成幸福家庭的一群鱼；

等等。

知识限制了鱼的想象力。

知识也限制了人的想象力。所以书中的妖精都差不多，电影中的外星人都和人长得相像。

其实，我们对世界的所谓"认识"只是受到限制的"认识"而已。我们其实对世界是有"偏见"的。

2016 年 1 月 17 日，时任清华大学副校长、清华大学生命科学学院院长的中国科学院院士施一公教授在"未来论坛"年会的演讲中说："科学发展到今天，我们看世界完全像盲人摸象一样，我们看到的世界是有形的，我们自己认为它是客观的世界。"

盲人摸象的故事出自原始佛教基本经典《长阿含经》（ *Dirghagama-sutra* ）。这是北传佛教四部阿含之一。因所集各经篇幅较长，故名。

盲人摸象的故事是说有一天，国王让大臣牵来一头大象到一群盲人之间，并告诉他们这是一头大象。盲人们很好奇，想知道大象什么样。可他们看不见，只好用手摸。大象太大，盲人们只能分别摸到大象的一部分。于是，他们就根据所接触之处的感觉给出了关于大象形象的结论。摸到大象牙齿的说大象像一个又大、又粗、又光滑的大萝卜；摸到大象耳朵的说大象是一把大蒲扇；摸到大象头的说大象是一块硬硬的石头；摸到大象鼻子的说大象是舂（chōng）米的杵（chǔ）；等等。

盲人摸象的故事告诉我们，由于盲人们自身能力的局限，只能感觉到真相的一部分，而错把一部分当成了真相的全部。我们目前看世界也是这样，我们看到的世界，可能只是世界的一部分。世界的真相如何，现在下结论还为时过早。

人类对宇宙一直充满十足的好奇心。宇宙很神秘。那么，我们是如何了解宇宙的呢？

正如施一公所指出的，我们用眼睛看世界、用耳朵听世界，对属于世界的一部分的宇宙，我们采取的是同样的办法，即用眼睛看宇宙、用耳朵听宇宙。因此，我们对宇宙的了解不可能是全面的。

首先，我们看到的宇宙是真实的吗？即使是，也是以前的样子，或者说是亿万年前的样子，因为光传播需要时间（光速有限）。

浩瀚无垠的宇宙，总是激发起人类十分的好奇，现代科学宇宙观认为，宇宙诞生于138亿年前的大爆炸，由此可以得出，宇宙中的各部分都几乎经历了138亿年的时间历程。

我们看到宇宙中的天体，是因为我们的眼睛接收到这些天体发出的光（可见光）。因为光速的有限性，宇宙中的天体发出的光到达人眼需要一定的时间，而这段时间里宇宙早已发生了变化。所以我们看到的天体并不是当下的天体，我们看到的宇宙也并不是此刻的宇宙。如果一个天体距离地球100光年远，我们现在看到的它大概只是它100年前的样子。望远镜不仅在看远方，而且在看历史！

这样的一个宇宙，我们究竟知道了多少呢？黑洞真实存在，虫洞可能存在。在引力极大的地方（如黑洞），量子效应可能显著（如原子内的力远大于引力，原子性质由量子力学决定）。也就是说，量子力学与相对论的和谐之地可能在引力极大的地方。光只能在三维空间传播，但引力可在任意维传播（正如电影《星际穿越》中库珀利用引力改变传递给女儿信息）。除此之外，未知的事情更多。

在《活在看得见和看不见的世界里》一书中，作者指出，为什么宇宙的运转比我们能想到的任何仪器都精准？控制着自然界运行的物理和数学规律是从哪里来的？人到底是如何进化来的？人的意识和智慧从何而来？为什么科学家发现物质似乎也能思考？我们尽管已经在科学研究上取得了那么多成就，可一旦涉及这种根本性问题，就只能老老实实地说不知道。

世界什么样决定于我们的认知。正因为我们知道的太少，所以我们可能从未接触到世界的真相。

我们看到的世界是真实的吗？

我们耳熟能详、天天挂在嘴边的世界究竟是什么？

"道说：这里是人间；

上帝说：这里是天堂和地狱之间的战场；

哲学说：这里是无穷的辩证迷雾；

物理说：这里是基本粒子堆砌出来的聚合体；

人文说：这里是存在；

历史说：这里是时间的累积。"（引自《天才在左，疯子在右》）

仁者见仁，智者见智。但也说明，我们尚在疑惑。这个世界，究竟是什么样的呢？

世界即眼见？中央电视台 2020 年 5 月 24 日《科学动物园》节目中，谷丽姑娘介绍鲸鱼时，一条大鲸鱼真跑到台上来了，让观众眼前一亮。然而，谁都知道，那只是电脑合成的特技。

眼见不一定为实。我们看到的世界不一定是真实的。

《黑客帝国》讲述了一名年轻的网络黑客尼奥发现看似正常的现实世界实际上是由一个名为"矩阵"的计算机人工智能系统控制的。

难道我们生活的世界可能只是某段程序产生的虚拟场景、某个电脑游戏的奇幻梦境吗？

世界是否真实，听来有点哲学意味。大哲学家笛卡儿说：我思故我在。

作为欧洲近代哲学创始人之一，笛卡儿曾试图为科学建立起一套坚固的方法论基础，他的巨著《沉思录》其实就是"对第一哲学的冥思"。笛卡儿着重思维的精密性，不信赖感性经验，认为只有理性思维才可靠。他从怀疑一切事物的存在出发，扫除自己的成见，寻求一个最可靠的命题作为起点，然后进行推论。笛卡儿进一步深入数学领域，但他发现甚至连数学也不能相信，万一那后面有一个"恶毒的魔鬼"在操纵，在扰乱他的头脑呢？他发现，最可靠的事实就是：他自己在怀疑。因此，心的存在是无可置疑的，而身的存在则须推论出来。于是，有了那句名言："我思故我在。"

更早一点的另一位大哲学家柏拉图，在他的名著《理想国》里，有一个著名的"洞穴"寓言。寓言假设有一群人"居住在一个洞穴中，有一条长长的甬道通向外面，它跟洞穴内部一样宽。他们从孩提时代就在这里，双腿和脖子皆被锁住，所以是在同一地点。因为被锁住也不能回头，只能看到眼前的事物。跟他们隔有一段距离的后上方，有一堆火在燃烧。在火和囚徒之间，有一条高过两者的路，沿着这条路建有一道矮墙，就像演木偶戏的面前横着的那条幕布"。外面沿墙走过的人们"带着各种各样高过墙头的工具，用木头，石头及各类材料制成的动物或人的雕像，扛东西的人有的在说话，而有的沉默着"。"由于他们（洞穴人）终生不能行动或回头，因此外部世界投射在他们面前的影子，便成为他们所能看到的唯一的真实。当路过的人们谈话时，洞穴里的人们会误以为声音正是从他们面前移动的阴影发出的。"被囚禁的人完全被剥夺了任何自由的可能，他们只能面对空荡的石壁，壁上的影子是他们可能拥有的唯一的世界。因此，所谓的世界就是人们习惯了的，也就是不想改变的情景，而不论其真实还是虚幻。我们心里想要的就是我们的世界。

庄子（大约前369—前286年），或称庄周，是中国古代著名哲学家、思想家和文学家。有一天，庄周梦见了蝴蝶。醒来后，庄周仍沉浸在梦里，并反复思考：我到底是庄周还是蝴蝶呢？

庄子的困惑其实就是如何区分虚幻和真实。科学告诉我们，世界是各种感官感受的信号经大脑处理后的结果。那么，给你大脑同样的信号，你怎么区分虚幻和真实？

1981年，美国哲学家希拉里·普特南（Hilary Putnam）写了一本书：《理性，真理和历史》（*Reason，Truth，and History*），书中叙述了一个被称为"缸中之脑"（Brain in a vat）的思想实验。假设有一天，你看见外部世界的一个景象（例如，一个美女驾船畅游在美丽的湖面之上）。你需要认识到，这一切只是你的感觉器官接收到的信号在架在你脖子上的"颅中之脑"合成的结果。如果将你的大脑从颅中取出，放到一个环境条件一样的缸中，就是所谓的"缸中之脑"。如果给"缸中之脑"施以同样的信号，则"缸中之脑"和"颅中之脑"将给出同样的世界。也就是说，你将无法区分真实与虚幻。

众所周知，精神病人感受到的世界与我们是不一样的。我们身边大概每100个人就会有1个人有精神分裂症，可以说，这是一种很常见的精神病。它的症状分两大类：一类是阳性症状，意思是比正常人多出来的一些东西。例如，幻觉、幻听、妄想（如觉得自己是上帝，觉得有人要谋害自己，或者觉得一些很平常的东西里头含有外星人的秘密代码等）。另一类是阴性症状，意思是正常人应该有而他们没有的特征。

这里我们主要对前者感兴趣，因为他们经常为我们描述出一个稀奇古怪的世界。他们说的究竟是不是真的？毕竟，幻视、幻听都是外部信号在他们大脑中产生的世界图像，而我们认为真实的世界也不过是外部信号在我们大脑产生的世界图像而已。

《黑客帝国》系列：史上最复杂最深刻的电影之一。

当我们热火朝天地讨论这个世界是否真实时，这部电影借助眼镜男墨菲斯（Morpheus）之口问道："什么是真？你怎么定义真？"让人无言以对。

《黑客帝国》传递的另一个思想，也非常发人深省。这个思想关乎革命。《黑客帝国》第三部叫"革命"，那么影片中发生了什么革命？这个革命当然是观念革命：第一，人类需要认清自己的地位，不要老想着去做上帝，我们或许只是一段程序；第二，选择留在母体内有什么不好？

从历史的眼光来看，人类永远面临着自由和幸福的选择。为自由，则战争；为幸福，则享乐。选择无错。

人工智能与超能力

一般认为，人工智能的发展要经过三个层次，即分三步走：运算智能，感知智能，认知智能。其目标分别是：在算力上超越人，在感知上超越人，在认知上超越人。目前，第一步已经达到，第二步正在实现，第三步还很遥远。

计算机超强的算力是公认的，像天气预报这样复杂的非线性偏微分方程组，计算机求解起来越来越得心应手，海量数据的处理也不在话下。深蓝、阿尔法围棋这样的超级下棋机器人就是这方面的代表。

人工智能的感知智能爆发阶段可能正在到来。例如，感知芯片。人工智能时代，在身体里注入芯片就真的能拥有超能力吗？是的，植入芯片后我们只要挥挥手，就可以迅速打开家门、车门等。有了感知芯片，我们再也不怕钥匙丢啦！

但是，感知芯片、身份识别等还只是人工智能的小儿科。人和动物都具备视觉、听觉、触觉等感知能力，并且能通过各种智能感知能力与自然界进行交互。感知智能的下一个目标是在视觉、听觉、触觉等感知能力方面超越人类。目前，自动驾驶汽车，就是通过激光雷达等感知设备和人工智能算法，实现这样的感知智能的。机器在感知世界方面，比人类还有优势。人类都是被动感知的，但是机器可以主动感知，如激光雷达、微波雷达和红外雷达。不管是 Big Dog 这样的感知机器人，还是自动驾驶汽车，因为充分利用了 DNN 和大数据的成果，在感知智能方面已越来越接近于人类，甚至在某些方面，已经让人类望尘莫及。

例如，"X射线视觉"（X-ray vision），俗称"透视眼"，就是人工智能与无线技术结合："穿墙"感知人体动作的技术。

在科幻小说和科幻电影中，"超人"往往具备这样的"透视眼"能力。例如漫画英雄"超人"就具备这样的能力，他能透过遮挡看到物体背后的东西。

一般而言，我们凡夫俗子是不具备这种"透视"能力的。有这种能力的人是所谓特异功能者。所以，人工智能的发展将使过去被视为不着边际的科学幻想的特异功能在真实世界实现。

脑控技术是人工智能在感知领域可以展示给公众的又一重大成果。基于脑机接口技术的脑控机械臂、脑控机器人、脑控游戏、脑控外骨骼等都已经亮相，让我们凡夫俗子深刻体会到人工智能特异功能的强大魅力。

认知智能，通俗讲就是"能理解会思考"。人类有语言，才有概念，才有推理，所以概念、意识、观念等都是人类认知智能的表现。在这方面，人工智能刚刚起步。语音识别、图像识别（包括人脸识别）、情感计算等都是这方面的前沿领域。不过，人工智能在认知方面成为"超人"尚需时日。

参 考 文 献

埃尔温·薛定谔，2007. 生命是什么 [M]. 罗来鸥，罗辽复，译. 长沙：湖南科学技术出版社.

奥顿，2015. 半导体的故事 [M]. 姬扬，译. 合肥：中国科学技术大学出版社.

柏拉图，2012. 理想国 [M]. 黄颖，译. 北京：中国华侨出版社.

保罗·弗赖伯格，迈克尔·斯韦因，2001. 硅谷之火 [M]. 王建华，译. 北京：机械工业出版社.

比尔·梅斯勒，H. 詹姆斯·克利夫斯二世，2017. 生命的诞生：我们究竟来自哪里 [M]. 张君，
    王烁，译. 北京：人民邮电出版社.

蔡坤鹏，王睿，周济，2010. 第四种无源电子元件忆阻器的研究及应用进展 [J]. 电子元件与材料，
    29（4）：78-82.

曹少中，涂序彦，2011. 人工智能与人工生命 [M]. 北京：电子工业出版社.

谌旭彬，2016. 人工智能曾被当成伪科学 [N]. 文摘报，2016-03-17（3）.

丹尼尔·丹尼特，2010. 心灵种种：对意识的探索 [M]. 罗军，译. 上海：上海科学技术出版社.

读研网，2017. 人工智能竟然也会种族歧视 [EB/OL].（2017-03-22）[2020-11-20]. https://www.
    sohu.com/a/129751676_559654.

杜运泉，2019. 省思：冷眼横看人工智能热 [M]. 上海：上海财经大学出版社.

弗朗西斯·克里克，2001. 惊人的假说 [M]. 汪云九，译. 长沙：湖南科学技术出版社.

付京孙，蔡自兴，徐光祐，1987. 人工智能及其应用 [M]. 北京：清华大学出版社.

付丽丽，2016. 四色视者是一种怎样的存在？ [N]. 科技日报，2016-09-02（05）.

高铭，2010. 天才在左 疯子在右 [M]. 武汉：武汉大学出版社.

顾凡及，2017a. 脑科学的故事 [M]. 上海：上海科学技术出版社.

顾凡及，2017b. 三磅宇宙与神奇心智 [M]. 上海：上海科技教育出版社.

郭子政，2017. 半导体物理基础教程 [M]. 北京：清华大学出版社.

郭子政，云国宏，2015. 那么小，那么大：为什么我们需要纳米技术？ [M]. 北京：清华大
    学出版社.

海若音，2017. 什么是认知？ [EB/OL].（2017-02-24）[2020-11-20]. https://www.jianshu.com/p/
    eb99e3bf8dc1.

吉姆·艾尔—哈利利，约翰乔·麦克法登，2016. 神秘的量子生命 [M]. 侯新智，祝锦杰，译. 杭
    州：浙江人民出版社.

加来道雄，2015. 心灵的未来 [M]. 伍义生，译. 重庆：重庆出版社.

贾雷德·戴蒙德，2016. 枪炮、病菌与钢铁：人类社会的命运 [M]. 谢延光，译. 修订版. 上海：

上海译文出版社.

江晓原，2015. 江晓原科幻电影指南 [M]. 上海：上海交通大学出版社.

杰瑞·卡普兰，2016. 人工智能时代 [M]. 李盼，译. 杭州：浙江人民出版社.

库兹韦尔，2011. 奇点临近 [M]. 李庆诚，董振华，田源，译. 北京：机械工业出版社.

蓝江，2018. 人工智能与伦理挑战 [J]. 社会科学战线，（1）：41-46.

乐言，2017. 硅基造物和碳基生命的博弈 [J]. 创意世界，（8）：51.

黎风，1985. 认知科学的研究对象、内容和方法 [J]. 医学与哲学（人文社会医学版），（5）：54-56.

李欧·李奥尼，2011. 鱼就是鱼 [M]. 阿甲，译. 海口：南海出版社.

李清晨，2014. 心外传奇 [M]. 北京：清华大学出版社.

理查德·道金斯，2019. 自私的基因 [M]. 卢允中，张岱云，陈复加，等，译. 北京：中信出版集团.

刘慈欣，2012. 乡村教师 [M]// 刘慈欣. 刘慈欣科幻自选集. 武汉：长江文艺出版社.

罗伯特·H.尼尔森，2019. 活在看得见和看不见的世界里 [M]. 马剑波改写. 北京：科学出版社.

罗杰·彭罗斯，2007. 皇帝的新脑 [M]. 许明贤，吴忠超，译. 长沙：湖南科技出版社.

马克·米奥多尼克，2015. 迷人的材料 [M]. 赖盈满，译. 北京：北京联合出版公司.

玛格丽特·博登，2017. AI: 人工智能的本质与未来 [M]. 孙诗惠，译. 北京：中国人民大学出版社.

迈克斯·泰格马克，2018. 生命 3.0：人工智能时代人类的进化与重生 [M]. 汪婕舒，译. 杭州：浙江教育出版社.

镁客网，2017. 清华大学教授王志华：几乎所有的 AI，到现在为止都是胡扯 [EB/OL].（2017-08-30）[2020-11-20]. https://www.sohu.com/a/168612972_324615.

尼克，2017. 人工智能简史 [M]. 北京：人民邮电出版社.

皮埃罗·斯加鲁菲，2017. 智能的本质：人工智能与机器人领域的 64 个大问题 [M]. 任莉，张建宁，译. 北京：人民邮电出版社.

山本一成，2019. 你一定爱读的人工智能简史 [M]. 北京：北京日报出版社.

宋炜观，1988. 趋热：一种文化现象的思考 [J]. 中国图书评论，1988（1）：153-156.

谭铁牛，孙哲南，张兆翔，2018. 人工智能：天使还是魔鬼 ?[J]. 中国科学：信息科学，48（9）：141-147.

腾讯研究院，中国信息通信研究院互联网法律研究中心，腾讯 AI Lab，等，2017. 人工智能：国家人工智能战略行动抓手 [M]. 北京：中国人民大学出版社.

托马斯·库恩，2004. 科学革命的结构 [M]. 金吾伦，胡新和，译. 北京：北京大学出版社.

王飞跃，李晓晨，毛文吉，等，2013. 社会计算的基本方法与应用 [M]. 杭州：浙江大学出版社.

王立铭，2018. 生命是什么 [M]. 北京：人民邮电出版社.

王善勇，2020. 从西南联大看大学的"自由" [N]. 中国科学报，2020-05-19（07）.

王欣，2017. 打开黑箱：通过 36 部经典电影解密脑科学 [M]. 长沙：湖南科学技术出版社.

王一方，2012. 白色巨塔：电影中的生死、疾苦与救疗 [M]. 北京：北京大学出版社.

未来论坛，2018. 探索人工智能 II 交叉应用 [M]. 北京：科学出版社.

魏凤文，武轶，2018. 科学史上的 365 天 [M]. 北京：清华大学出版社.

沃尔特·穆尔，2001. 薛定谔传 [M]. 班立勤，译. 北京：中国对外翻译出版公司.

吴国盛，2016. 什么是科学 [M]. 广州：广东人民出版社.

吴军，2016. 智能时代：大数据与智能革命重新定义未来 [M]. 北京：中信出版集团.

严洪，2018. 人工智能，无所不能还是有所不能？[EB/OL].（2018-07-30）[2020-11-25]. https://www.sohu.com/a/244159218_683350

阎重伯，2018. 人工智能仅仅是统计学规律吗？——浅谈人工智能发展前景与启发式思考 [J]. 通讯世界，340（9）：305.

杨立坚，2017. 统计学科普：统计学是什么？[EB/OL].（2017-07-28）[2020-11-20]. http://blog. sciencenet.cn/blog-941132-1068523.html.

佚名，2019. 电影中的生命起源 [J]. 小学科学，（11）：6-9.

余灿，2019. 数字经济的底层逻辑：从碳基文明到硅基文明 [J]. 大数据时代，（1）：12-17.

约翰·霍根，1997. 科学的终结 [M]. 孙雍君，译. 呼和浩特：远方出版社.

詹姆斯·巴拉特，2016. 我们最后的发明：人工智能与人类时代的终结 [M]. 闾佳，译. 北京：电子工业出版社.

张钹，2019. 人工智能下一步努力方向：跟脑科学结合，找出新的模型和方法 [J]. 领导决策信息，1150（5）：22-23.

张军平，2019. 爱犯错的智能体 [M]. 北京：清华大学出版社.

张汝京，2013. 半导体产业背后的故事 [M]. 北京：清华大学出版社.

张天蓉，2014. 电子，电子！谁来拯救摩尔定律？[M]. 北京：清华大学出版社.

长城会，2017. 科学 + 预见人工智能 [M]. 北京：人民邮电出版社.

赵汀阳，2018. 人工智能"革命"的"近忧"和"远虑"——一种伦理学和存在论的分析 [J]. 哲学动态，（4）：5-12.

周子洋，2019. 探索硅基生命 [J]. 科技经济导刊，27（1）：106，109.

朱建平，2019. "人工智能其实就是统计学"这个命题并不重要 [J]. 中国统计，447（3）：23-25.

朱松纯，2017. 浅谈人工智能：现状、任务、构架与统一 [EB/OL].（2017-11-02）[2020-11-25]. https://mp.weixin.qq.com/s/-wSYLu-XvOrsST8_KEUa-Q.

Di Ventra M D，Pershin Y V，Chua L O，2009. Circuit elements with memory：Memristors，memcapacitors and meminductors[J]. Proceedings of the IEEE，97（10）：1717-1724.

IEEE IS，2011. AI's Hall of Fame[J]. IEEE Intelligent Systems，26（4）：5-15.

Jaynes J，1982. The Origin of Consciousness in the Breakdown of the Bicameral Mind[M]. Boston：Houghton Mifflin Company.

Prezioso M，Merrikh-Bayat F，Hoskins B D，et al.，2015. Training and operation of an integrated neuromorphic network based on metal-oxide memristors[J]. Nature，521（7550）：61-64.

Won J，Kim M，Yi Y W，et al.，2005. A magnetic nanoprobe technology for detecting molecular interactions in live cells[J]. Science，9（309）：121-125.